Matemáticas diarias®

The University of Chicago School Mathematics Project

DIARIO DEL ESTUDIANTE
VOLUMEN 2

Mc Graw Hill Education

The University of Chicago School Mathematics Project

Max Bell, Director, *Everyday Mathematics* First Edition; James McBride, Director, *Everyday Mathematics* Second Edition; Andy Isaacs, Director, *Everyday Mathematics* Third, CCSS, and Fourth Editions; Amy Dillard, Associate Director, *Everyday Mathematics* Third Edition; Rachel Malpass McCall, Associate Director, *Everyday Mathematics* CCSS and Fourth Editions; Mary Ellen Dairyko, Associate Director, *Everyday Mathematics* Fourth Edition

Authors
Robert Balfanz*, Max Bell, John Bretzlauf, Sarah R. Burns**, William Carroll*, Amy Dillard, Robert Hartfield, Andy Isaacs, James McBride, Kathleen Pitvorec, Denise A. Porter‡, Peter Saecker, Noreen Winningham†

*First Edition only
**Fourth Edition only
†Third Edition only
‡Common Core State Standards Edition only

Fourth Edition Grade 5
Team Leader
Sarah R. Burns

Writers
Melanie S. Arazy, Rosalie A. DeFino, Allison M. Greer, Kathryn M. Rich, Linda M. Sims

Open Response Team
Catherine R. Kelso, Leader; Emily Korzynski

Differentiation Team
Ava Belisle-Chatterjee, Leader; Martin Gartzman, Barbara Molina, Anne Sommers

Digital Development Team
Carla Agard-Strickland, Leader; John Benson, Gregory Berns-Leone, Juan Camilo Acevedo

Virtual Learning Community
Meg Schleppenbach Bates, Cheryl G. Moran, Margaret Sharkey

Technical Art
Diana Barrie, Senior Artist; Cherry Inthalangsy

UCSMP Editorial
Don Reneau, Senior Editor; Rachel Jacobs, Elizabeth Olin, Kristen Pasmore, Loren Santow

Field Test Coordination
Denise A. Porter, Angela Schieffer, Amanda Zimolzak

Field Test Teachers
Diane Bloom, Margaret Condit, Barbara Egofske, Howard Gartzman, Douglas D. Hassett, Aubrey Ignace, Amy Jarrett-Clancy, Heather L. Johnson, Jennifer Kahlenberg, Deborah Laskey, Jennie Magiera, Sara Matson, Stephanie Milzenmacher, Sunmin Park, Justin F. Rees, Toi Smith

Contributors
John Benson, Jeanne Di Domenico, James Flanders, Fran Goldenberg, Lila K. S. Goldstein, Deborah Arron Leslie, Sheila Sconiers, Sandra Vitantonio, Penny Williams

Center for Elementary Mathematics and Science Education Administration
Martin Gartzman, Executive Director; Meri B. Fohran, Jose J. Fragoso, Jr., Regina Littleton, Laurie K. Thrasher

External Reviewers
The *Everyday Mathematics* authors gratefully acknowledge the work of the many scholars and teachers who reviewed plans for this edition. All decisions regarding the content and pedagogy of *Everyday Mathematics* were made by the authors and do not necessarily reflect the views of those listed below.

Elizabeth Babcock, California Academy of Sciences; Arthur J. Baroody, University of Illinois at Urbana-Champaign and University of Denver; Dawn Berk, University of Delaware; Diane J. Briars, Pittsburgh, Pennsylvania; Kathryn B. Chval, University of Missouri–Columbia; Kathleen Cramer, University of Minnesota; Ethan Danahy, Tufts University; Tom de Boor, Grunwald Associates; Louis V. DiBello, University of Illinois at Chicago; Corey Drake, Michigan State University; David Foster, Silicon Valley Mathematics Initiative; Funda Gönülateş, Michigan State University; M. Kathleen Heid, Pennsylvania State University; Natalie Jakucyn, Glenbrook South High School, Glenview, IL; Richard G. Kron, University of Chicago; Richard Lehrer, Vanderbilt University; Susan C. Levine, University of Chicago; Lorraine M. Males, University of Nebraska-Lincoln; Dr. George Mehler, Temple University and Central Bucks School District, Pennsylvania; Kenny Huy Nguyen, North Carolina State University; Mark Oreglia, University of Chicago; Sandra Overcash, Virginia Beach City Public Schools, Virginia; Raedy M. Ping, University of Chicago; Kevin L. Polk, Aveniros LLC; Sarah R. Powell, University of Texas at Austin; Janine T. Remillard, University of Pennsylvania; John P. Smith III, Michigan State University; Mary Kay Stein, University of Pittsburgh; Dale Truding, Arlington Heights District 25, Arlington Heights, Illinois; Judith S. Zawojewski, Illinois Institute of Technology

Note
Many people have contributed to the creation of *Everyday Mathematics*. Visit http://everydaymath.uchicago.edu/authors/ for biographical sketches of *Everyday Mathematics 4* staff and copyright pages from earlier editions.

www.everydaymath.com

Send all inquiries to:
McGraw-Hill Education
8787 Orion Place
Columbus, OH 43240

ISBN: 978-0-02-135286-9
MHID: 0-02-135286-0

Printed in the United States of America.

1 2 3 4 5 6 7 8 9 QVS 20 19 18 17 16 15

Contenido

Unidad 6

Unidad 8

Hojas de actividades

Cajas matemáticas

1 Convierte cada fracción en un número entero o mixto.

a. $\frac{24}{8}$ = _____   **b.** $\frac{18}{5}$ = _____

c. $\frac{21}{6}$ = _____   **d.** $\frac{15}{4}$ = _____

e. $\frac{11}{3}$ = _____

LCE
171

2 Escribe los siguientes decimales con números.

a. tres con seis centésimas = _____

b. doce con nueve milésimas =

_____

c. setenta con una décima = _____

LCE
117

3 Hay 107 estudiantes en el campamento de hockey. El entrenador está reservando pistas para los partidos. Solo puede haber 12 estudiantes en cada pista. ¿Cuántas pistas debe reservar el entrenador?

_____
(modelo numérico)

Solución: _____

¿Qué representa el residuo?

_____

LCE
109,
113–114

4 Carlos anduvo 2 horas en bicicleta como entrenamiento para una carrera. La primera hora anduvo 15 y $\frac{7}{10}$ millas. La segunda hora anduvo 14 y $\frac{5}{10}$ millas. ¿Qué modelo numérico usarías para hallar las millas totales que anduvo Carlos en las 2 horas?

Rellena el círculo que está junto a la mejor respuesta.

○ **A.** $2 * (15\frac{7}{10} + 14\frac{5}{7}) = m$

○ **B.** $15\frac{7}{10} + 14\frac{5}{10} + 2 = m$

○ **C.** $15\frac{7}{10} + 14\frac{5}{10} = m$

LCE
44

5 Escribe los pares ordenados de cada punto en la gráfica de coordenadas.

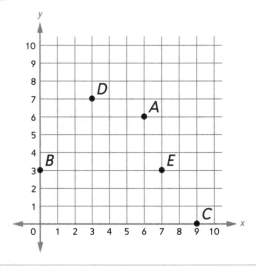

A: (_____, _____)

B: (_____, _____)

C: (_____, _____)

D: (_____, _____)

E: (_____, _____)

LCE
275

153

Usar fracciones equivalentes para hallar el común denominador

1 Completa la tabla usando la información dada para hallar fracciones equivalentes.

Fracción	Multiplica el numerador y el denominador por:	Oración numérica	Fracción equivalente
$\frac{1}{2}$	2	$\frac{(1 * 2)}{(2 * 2)} = \frac{2}{4}$	$\frac{2}{4}$
	3		
	5		
$\frac{2}{5}$	2		
	3		
	5		

¿Qué observas sobre las fracciones de las cajas coloreadas de gris? _____

_____

2 Usa la tabla anterior como ayuda para a resolver los siguientes problemas.

a. $\frac{1}{2} + \frac{2}{5} =$ _____

b. $\frac{1}{2} - \frac{2}{5} =$ _____

c. Completa el espacio en blanco con <, > o =.

$\frac{1}{2}$ _____ $\frac{2}{5}$

3 Completa la tabla usando la información dada para hallar fracciones equivalentes.

Fracción	Multiplica el numerador y el denominador por:				
	2	3	4	5	6
$\frac{2}{3}$		$\frac{6}{9}$		$\frac{10}{15}$	
$\frac{1}{6}$	$\frac{2}{12}$		$\frac{4}{24}$		
$\frac{1}{3}$		$\frac{3}{9}$		$\frac{5}{15}$	

1 Resuelve. Usa las tablas de la página 154 del diario para hallar fracciones equivalentes con un común denominador. Escribe una oración numérica que muestre las fracciones que usaste.

a. $\frac{1}{3} - \frac{1}{6} = ?$

Común denominador: _____   _____
                                                        (oración numérica)

b. $\frac{1}{3} + \frac{1}{2} = ?$

Común denominador: _____   _____
                                                        (oración numérica)

2 Haz una lista con cuatro fracciones equivalentes para cada fracción dada.

a. $\frac{1}{4} =$ _____, _____, _____, _____   **b.** $\frac{1}{5} =$ _____, _____, _____, _____

3 Haz una estimación. Luego, resuelve hallando fracciones con un común denominador. Usa las tablas y listas de fracciones equivalentes anteriores y de la página 154 del diario como ayuda. Escribe una oración numérica con un común denominador para resumir cada problema.

a. $\frac{1}{2} - \frac{1}{4} = ?$

Estimación: _____

Común denominador: _____

_____
(oración numérica)

$\frac{1}{2} - \frac{1}{4} =$ _____

b. $\frac{1}{2} + \frac{1}{6} = ?$

Estimación: _____

Común denominador: _____

_____
(oración numérica)

$\frac{1}{2} + \frac{1}{6} =$ _____

c. $\frac{1}{4} + \frac{2}{3} = ?$

Estimación: _____

Común denominador: _____

_____
(oración numérica)

$\frac{1}{4} + \frac{2}{3} =$ _____

d. $\frac{1}{4} - \frac{1}{6} = ?$

Estimación: _____

Común denominador: _____

_____
(oración numérica)

$\frac{1}{4} - \frac{1}{6} =$ _____

4 Convierte las fracciones en fracciones equivalentes con un común denominador. Completa los espacios en blanco con >, < o = para hacer una oración numérica verdadera.

a. $\frac{1}{2}$ _____ $\frac{2}{5}$ Fracciones con un común denominador: _____, _____

b. $\frac{1}{3}$ _____ $\frac{2}{6}$ Fracciones con un común denominador: _____, _____

Practicar estrategias de común denominador

Resume las estrategias comentadas en clase para hallar un común denominador.
Encierra en un círculo las que siempre funcionan.
Pon una estrella junto a la estrategia que prefieres.

Estrategia 1 _____

_____

Estrategia 2 _____

_____

Estrategia 3 _____

_____

Explica por qué prefieres esa estrategia. _____

_____

_____

Usa cualquiera de estas estrategias para hallar el común denominador.
Vuelve a escribir cada par de fracciones usando un común denominador. Luego, resuelve.

 a. $\frac{2}{9}$ y $\frac{5}{6}$. Común denominadorr: ___*18*___ $\frac{2}{9} = \frac{4}{18}$ $\frac{5}{6} = \frac{15}{18}$

b. $\frac{2}{9} + \frac{5}{6} =$ _____

c. $\frac{5}{6} - \frac{2}{9} =$ _____

d. Completa el espacio en blanco con >, < o = : $\frac{2}{9}$ _____ $\frac{5}{6}$

 a. $\frac{3}{4}$ y $\frac{7}{12}$. Común denominador: _____ $\frac{3}{4} =$ _____ $\frac{7}{12} =$ _____

b. $\frac{3}{4} + \frac{7}{12} =$ _____

c. $\frac{3}{4} - \frac{7}{12} =$ _____

d. Completa el espacio en blanco con >, < o = : $\frac{3}{4}$ _____ $\frac{7}{12}$

 a. $\frac{4}{7}$ y $\frac{1}{2}$. Común denominador: _____ $\frac{4}{7} =$ _____ $\frac{1}{2} =$ _____

b. $\frac{4}{7} + \frac{1}{2} =$ _____

c. $\frac{4}{7} - \frac{1}{2} =$ _____

d. Completa el espacio en blanco con >, < o = : $\frac{4}{7}$ _____ $\frac{1}{2}$

Halla un común denominador y escribe qué estrategia usaste en cada problema.
Luego, escribe las fracciones con un común denominador y resuelve.

LCE
177, 190

Estrategias:

- Hice una lista con fracciones equivalentes.

- Observé que un denominador era un múltiplo del otro denominador.

- Hallé un común denominador rápido.

 $\frac{2}{3}$ y $\frac{10}{15}$

    a. Estrategia: _____

    b. Fracciones con un común denominador: _____ y _____

    c. $\frac{2}{3} + \frac{10}{15} =$ _____   **d.** Completa el espacio en blanco con <, > o =: $\frac{2}{3}$ _____ $\frac{10}{15}$

5 $\frac{1}{4}$ y $\frac{2}{9}$

    a. Estrategia: _____

    b. Fracciones con un común denominador: _____ y _____

    c. $\frac{1}{4} - \frac{2}{9} =$ _____   **d.** Completa el espacio en blanco con <, > o =: $\frac{1}{4}$ _____ $\frac{2}{9}$

6 $\frac{5}{6}$ y $\frac{3}{4}$

    a. Estrategia: _____

    b. Fracciones con un común denominador: _____ y _____

    c. $\frac{5}{6} + \frac{3}{4} =$ _____   **d.** $\frac{5}{6} - \frac{3}{4} =$ _____

7   **a.** ¿Qué otra estrategia podrías haber usado para hallar un común denominador en el Problema 6?

    _____

    _____

    b. ¿Qué estrategia piensas que es la mejor para este problema? ¿Por qué?

    _____

    _____

Cajas matemáticas

Cajas matemáticas

1 Colorea la primera cuadrícula para representar siete décimos.
Colorea la segunda cuadrícula para representar sesenta y siete centésimos.

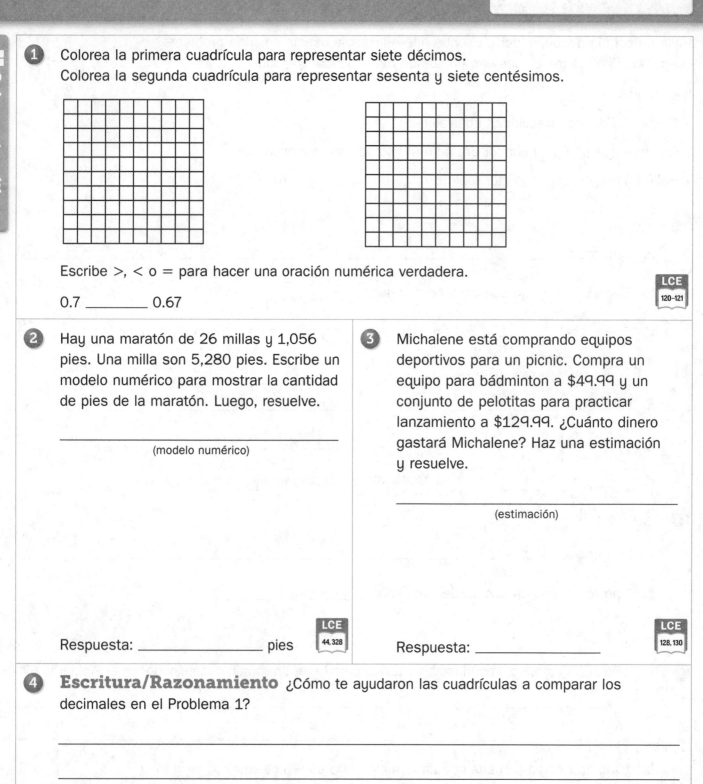

Escribe >, < o = para hacer una oración numérica verdadera.

0.7 _____ 0.67

LCE
120–121

2 Hay una maratón de 26 millas y 1,056 pies. Una milla son 5,280 pies. Escribe un modelo numérico para mostrar la cantidad de pies de la maratón. Luego, resuelve.

_____
(modelo numérico)

Respuesta: _____ pies

LCE
44, 328

3 Michalene está comprando equipos deportivos para un picnic. Compra un equipo para bádminton a $49.99 y un conjunto de pelotitas para practicar lanzamiento a $129.99. ¿Cuánto dinero gastará Michalene? Haz una estimación y resuelve.

_____
(estimación)

Respuesta: _____

LCE
128, 130

4 **Escritura/Razonamiento** ¿Cómo te ayudaron las cuadrículas a comparar los decimales en el Problema 1?

_____

_____

_____

LCE
121

Cajas matemáticas

1 Convierte cada número mixto en un número mixto equivalente con el mismo denominador.

a. $7\frac{5}{3} =$ _____

b. $4\frac{6}{9} =$ _____

c. $3\frac{7}{8} =$ _____

d. $5\frac{19}{14} =$ _____

LCE 173

2 Escribe cada uno de los siguientes decimales en palabras:

a. $18.04 =$ _____

_____

b. $814.017 =$ _____

_____

LCE 117

3 Hannah y sus tres hermanos se dividieron en partes iguales el costo de un regalo de $379 para sus padres. ¿Cuánto pagó cada hermano?

a. Cada hermano pagó _____ dólares.

b. ¿Qué hiciste con el residuo?

Redondeé el cociente hacia arriba

Lo presenté como fracción

Lo ignoré

LCE 109, 113–114

4 Mindy necesita 3 y $\frac{1}{3}$ tazas de pasas para la mezcla de nueces y frutas secas que está preparando. Solo tiene 1 y $\frac{2}{3}$ tazas de pasas en su despensa. ¿Cuántas tazas de pasas necesita? Muestra tu trabajo.

_____
(modelo numérico)

Mindy necesita _____ taza(s) más de pasas.

LCE 178–180, 188

5 Marca los siguientes puntos en la gráfica. Luego, conéctalos en orden.

(0, 1) (1, 3) (4, 3) (5, 1) (0, 1)

¿Qué figura dibujaste?

_____

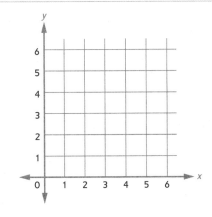

LCE 268, 275

Sumar fracciones y números mixtos

Mensaje matemático Escoge la mejor estimación para cada problema. Luego, escribe la respuesta a cualquier problema que puedas resolver mentalmente.

Estimación:

1 $\frac{2}{5} + \frac{1}{4} =$ _____

- ☐ alrededor de $\frac{1}{2}$
- ☐ alrededor de 1
- ☐ alrededor de $1\frac{1}{2}$

2 $\frac{1}{9} + \frac{4}{9} + \frac{3}{9} =$ _____

- ☐ alrededor de $\frac{1}{2}$
- ☐ alrededor de 1
- ☐ alrededor de $1\frac{1}{2}$

3 $\frac{3}{4} + \frac{5}{8} =$ _____

- ☐ un poco menos que 1
- ☐ un poco más que 1
- ☐ un poco más que 2

4 $2\frac{4}{5}$
$+ 1\frac{2}{3}$
_____

- ☐ alrededor de 3
- ☐ un poco menos que 4
- ☐ entre 4 y 5

5 $2\frac{1}{16}$
$+ 5\frac{1}{16}$
_____

- ☐ un poco menos que 7
- ☐ un poco más que 7
- ☐ alrededor de 8

6 $2\frac{7}{8}$
$+ 1\frac{3}{8}$
_____

- ☐ un poco más que 3
- ☐ un poco menos que 4
- ☐ un poco más que 4

Resolver problemas de suma con fracciones y números mixtos

Estima cada suma y luego resuelve. Muestra tu trabajo.

1 Estimación: _____

$$3\frac{4}{7}$$
$$+\,4\frac{4}{7}$$
_____

2 Estimación: _____

$$6\frac{3}{4}$$
$$+\,\frac{1}{6}$$
_____

3 Estimación: _____

$$\frac{7}{8}$$
$$+\,\frac{1}{6}$$
_____

4 Estimación: _____

$$7\frac{2}{3}$$
$$+\,2\frac{3}{5}$$
_____

Para cada historia de números, escribe un modelo numérico con una incógnita y haz una estimación. Luego, resuelve la historia. Muestra tu trabajo. Anota tu respuesta y un resumen del modelo numérico. Usa tu estimación para verificar si tu respuesta tiene sentido.

5 La clase del señor Kumar comió 6 y $\frac{3}{4}$ pizzas, y la de la señora Rinehart comió 4 y $\frac{2}{4}$ pizzas. ¿Cuántas pizzas comieron entre las dos clases?

Modelo numérico: _____

Estimación: _____

Respuesta: _____ pizzas   Resumen del modelo numérico: _____

(continuación)

6 El traje de superheroína de Melanie para la obra escolar requiere 1 y $\frac{5}{6}$ de yarda de tela verde y $\frac{1}{3}$ de yarda de tela amarilla. ¿Cuántas yardas de tela se necesitan para el traje?

LCE
181, 187,
189–191

Modelo numérico: _____

Estimación: _____

Respuesta: _____ yardas   Resumen del modelo numérico: _____

7 Charlotte corrió 5 y $\frac{2}{3}$ millas el lunes y 1 y $\frac{5}{8}$ millas el martes. ¿Cuántas millas corrió en total?

Modelo numérico: _____

Estimación: _____

Respuesta: _____ millas   Resumen del modelo numérico: _____

Restar fracciones y números mixtos

Mensaje matemático

LCE
173,
181–193

1 Estimación: _____

$$4\frac{4}{5}$$
$$-\ 1\frac{1}{5}$$
_____

2 Estimación: _____

$$3\frac{1}{3}$$
$$-\ 1\frac{2}{3}$$
_____

3 Estimación: _____

$$\frac{9}{10} - \frac{8}{10} =$$ _____

4 Estimación: _____

$$\frac{3}{4} - \frac{1}{3} =$$ _____

5 Estimación: _____

$$3\frac{1}{3}$$
$$-\ 1\frac{1}{2}$$
_____

6 Estimación: _____

$$10\frac{1}{5}$$
$$-\ 4\frac{2}{3}$$
_____

Resta con fracciones y números mixtos

1 Escribe los números que faltan.

a. $5\frac{1}{4} = 4\frac{\square}{4}$

b. $8\frac{7}{9} = \underline{\quad}\frac{16}{9}$

c. $\underline{\quad}\frac{3}{6} = 3\frac{9}{6}$

2 Estimación: _____

$\frac{7}{12} - \frac{3}{8} = \underline{\quad}$

3 Jake tiene dos conejillos de Indias llamados Peludo y Melena. Peludo mide 8 y $\frac{1}{8}$ pulgadas de largo. Melena mide 10 y $\frac{1}{4}$ pulgadas de largo. ¿Cuánto más que Peludo mide Melena?

Modelo numérico: _____

Estimación: _____

Melena mide _____ pulgadas más que Peludo.

4 Rachel viajará en avión de Chicago a San Diego. El vuelo durará 4 y $\frac{1}{4}$ horas. El avión salió hace 1 y $\frac{2}{3}$ de hora. ¿Cuánto tiempo más estará Rachel en el avión?

Modelo numérico: _____

Estimación: _____

Rachel estará en el avión _____ horas más.

---

5 Estimación: _____

$$4\frac{1}{6}$$
$$-\ 3\frac{2}{6}$$
$$\overline{}$$

Inténtalo

6 Estimación: _____

$$9$$
$$-\ 4\frac{7}{8}$$
$$\overline{}$$

Repasar decimales

1 Usa las pistas para escribir el número misterioso: ____. ____ ____ ____   LCE 115-127

- Tengo un 6 en el lugar de las centésimas.
- Tengo un 2 en el lugar de las décimas.
- Tengo un 9 en el lugar de las unidades.
- Tengo un 1 en el lugar de las milésimas.

2 Completa la siguiente tabla.

Número	Palabras	Valor del dígito 4
3.409	tres con cuatrocientos nueve milésimas	4 décimas
2.541		
	ochenta y cuatro milésimas	
4.06		
	cuatrocientos diez milésimas	

3 Mira la tabla. ¿Cómo afecta el lugar de valor posicional del 4 a su valor 4?

_____

_____

4 Escribe cada número en forma desarrollada.

a. 4.573 _____

b. 32.081 _____

5 Completa cada oración numérica con <, > o =.

a. 0.816 _____ 0.82

b. 0.8 _____ 0.82

c. 0.9 _____ 0.095

d. 0.300 _____ 0.30

e. 0.076 _____ 0.067

f. 0.254 _____ 0.257

6 Pon los siguientes decimales en orden de menor a mayor: 0.82, 0.816, 0.095, 0.9.

_____, _____, _____, _____

7 Redondea para completar la tabla.

Número inicial	Redondeado a la centésima más cercana	Redondeado a la décima más cercana	Redondeado al entero más cercano
3.409			
4.573			
0.816			

Cajas matemáticas

Cajas matemáticas

1 Colorea la primera cuadrícula para representar una décima.
Colorea la segunda cuadrícula para representar noventa y nueve milésimas.

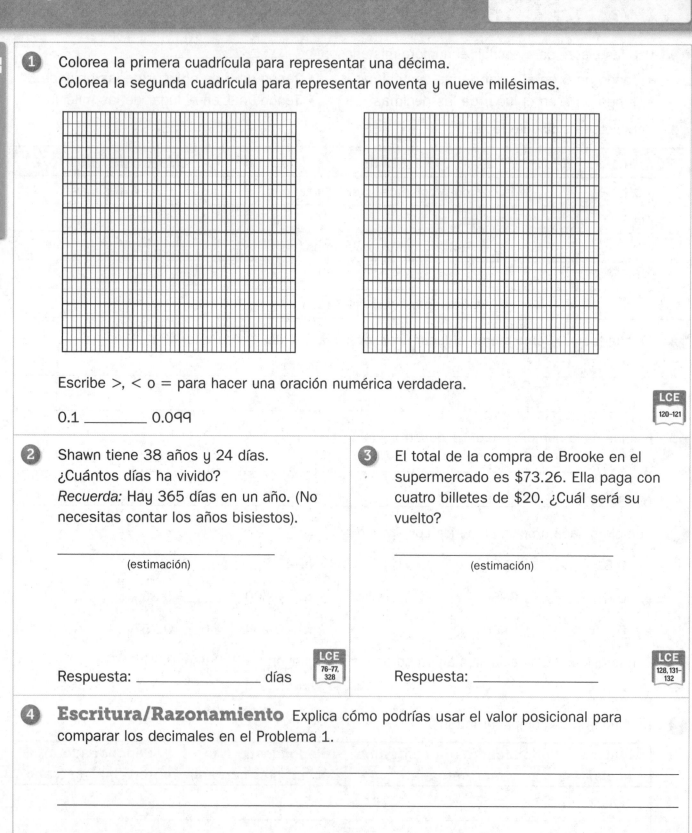

Escribe >, < o = para hacer una oración numérica verdadera.

0.1 _____ 0.099

LCE 120–121

---

2 Shawn tiene 38 años y 24 días.
¿Cuántos días ha vivido?
Recuerda: Hay 365 días en un año. (No necesitas contar los años bisiestos).

_____
(estimación)

Respuesta: _____ días

LCE 76–77, 328

3 El total de la compra de Brooke en el supermercado es $73.26. Ella paga con cuatro billetes de $20. ¿Cuál será su vuelto?

_____
(estimación)

Respuesta: _____

LCE 128, 131–132

---

4 **Escritura/Razonamiento** Explica cómo podrías usar el valor posicional para comparar los decimales en el Problema 1.

_____

_____

_____

LCE 122–123

Resolver problemas de fracciones

Mensaje matemático

LCE
53–54,
195–196

1 Usa la regla para completar la tabla.

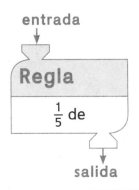

entrada	salida
10	
25	
15	
30	

2 Mira esta máquina de funciones y la tabla. Compáralas con las del Problema 1. Comenta lo que observas con un compañero o compañera.

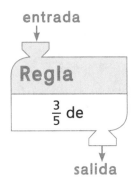

entrada	salida
10	6
25	15
15	9
30	18

3 Escribe los números de *salida* que faltan.

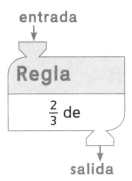

entrada	salida
9	6
24	16
12	
6	

4 Escribe los números de *salida* que faltan.

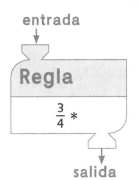

entrada	salida
8	
20	
16	
28	

5 Stella tenía un cartón de 12 huevos. Usó $\frac{4}{6}$ de los huevos para hacer panes para vender.

a. ¿Cuántos huevos hay en $\frac{1}{6}$ del cartón? _____ huevos

b. ¿Cuántos huevos usó Stella para el pan? _____ huevos

c. Escribe un modelo numérico de multiplicación para el problema. _____

6 Una tienda de zapatos tenía 30 pares de tenis disponibles. Una semana tuvo una gran venta y vendió $\frac{8}{10}$ de los zapatos. ¿Cuántos pares de tenis vendieron esa semana?

Respuesta: _____ pares de tenis

_____

(modelo numérico de multiplicación)

Cajas matemáticas

1 Halla un común denominador de $\frac{1}{2}$ y $\frac{1}{3}$. Luego, resuelve los problemas.

Común denominador: _____

$\frac{1}{2} + \frac{1}{3} =$ _____

$\frac{1}{2} - \frac{1}{3} =$ _____

LCE 177, 189–190

2 En promedio, el pelo crece 1.25 cm por mes. Las uñas crecen alrededor de 0.3 cm por mes. ¿Alrededor de cuánto más crece el pelo que las uñas en un mes?

_____
(estimación)

El pelo crece alrededor de _____ cm más por mes.

LCE 128, 131–132

3 ¿Son las siguientes expresiones iguales a 57.026? Rellena Sí o No para cada expresión.

A. $50 + 7 + 0 + 0.02 + 0.006$
   ◯ Sí   ◯ No

B. $50 + 7 + 0.2 + 0.06$
   ◯ Sí   ◯ No

C. $(5 * 10) + (7 * 1) + (2 * 0.01) + (6 * 0.001)$
   ◯ Sí   ◯ No

LCE 118

4 Redondea cada decimal a la décima más cercana.

a. 0.79 _____

b. 3.12 _____

c. 813.47 _____

d. 6.05 _____

LCE 124–127

5 Elías quiere terminar las últimas 89 páginas de su libro en 3 horas. Si lee todo el tiempo a la misma velocidad, ¿cuántas páginas debe leer cada hora? Presenta tu respuesta en forma de número mixto.

_____
(modelo numérico)

Elías debe leer _____ páginas por hora.

LCE 44, 108, 113–114

6 Haz una estimación y resuelve.

$912 \times 87 = ?$

_____
(estimación)

$912 \times 87 =$ _____

LCE 83, 100, 103–104

Cajas matemáticas

Más máquinas de funciones

Mensaje matemático

Usa las reglas para completar las tablas en los Problemas 1 y 2. Luego, mira atentamente tus respuestas y comenta qué observas con un compañero o compañera.

1

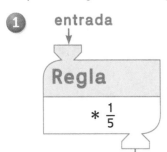

entrada	salida
15	
20	
35	
10	

2

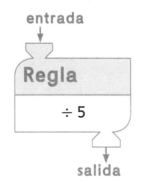

entrada	salida
15	
20	
35	
10	

---

3 Usa la regla para escribir los números de *salida* que faltan.

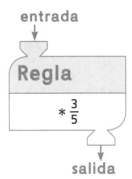

entrada	salida
15	
20	
35	
10	

4 Usa la regla para escribir los números de *salida* que faltan.

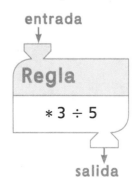

entrada	salida
15	
20	
35	
10	

5 Describe con tus propias palabras dos estrategias que conozcas para multiplicar fracciones por números enteros.

a. Estrategia 1: Piensa en un problema de fracciones.

_____

_____

_____

b. Estrategia 2: Interpreta la fracción como una división.

_____

_____

_____

Multiplicar números enteros por fracciones

1 $13 * \frac{2}{3} = ?$

a. Resuelve el problema pensando en $\frac{2}{3}$ de 13. Muestra tu trabajo.

b. Resuelve el problema pensando en $\frac{2}{3}$ como $2 \div 3$. Muestra tu trabajo.

$13 * \frac{2}{3} =$ _____

$13 * \frac{2}{3} =$ _____

Resuelve los Problemas 2 a 5 con cualquier estrategia. Muestra tu trabajo.

2 $16 * \frac{3}{4} = ?$

3 $20 * \frac{5}{8} = ?$

$16 * \frac{3}{4} =$ _____

$20 * \frac{5}{8} =$ _____

4 Lydia tenía 10 pies de cinta. Usó $\frac{4}{5}$ para atar un moño en una caja de regalo grande. ¿Cuánta cinta usó?

Modelo numérico: _____

5 En una clase hay 14 casilleros a lo largo de la pared. Cada casillero mide $\frac{5}{6}$ pie de ancho. ¿Cuán larga es la línea de casilleros?

Modelo numérico: _____

Respuesta: _____ pies

Respuesta: _____ pies

Usar una gráfica para responder preguntas

Oliver está usando una manguera para llenar su piscina. La siguiente tabla muestra la profundidad del agua en pulgadas después de diferentes horas.

LCE
55–56,
275

Tiempo en horas (x)	Profundidad del agua en pulgadas (y)
0	0
1	6
2	12
3	18
5	30

① Escribe los datos como pares ordenados.

(_____, _____)

(_____, _____)

(_____, _____)

(_____, _____)

(_____, _____)

② Representa los puntos en la gráfica. Traza una línea para conectar los puntos.

Usa la gráfica como ayuda para resolver los Problemas 3 a 5.

③ ¿Cuál era la profundidad del agua en pulgadas...

a. tras 4 horas? _____ pulgadas

b. tras 6 horas? _____ pulgadas

c. tras $2\frac{1}{2}$ horas? _____ pulgadas

④ ¿Tras cuántas horas tenía el agua...

a. 42 pulgs. de profundidad? _____ horas

b. 27 pulgs. de profundidad? _____ horas

c. 3 pulgs. de profundidad? _____ hora

⑤ a. Oliver quiere que el agua tenga $3\frac{1}{2}$ pies de profundidad. ¿Tras cuántas horas debería cortar el agua? _____ horas

b. Explica cómo resolviste el Problema 5a.

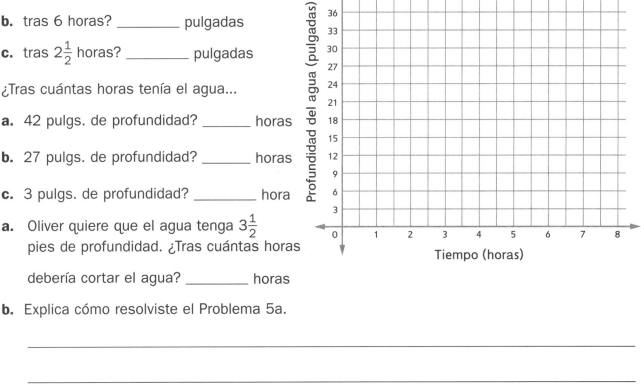

_____

_____

_____

_____

Cajas matemáticas

1 4,072 ÷ 39 = ?

_____
(estimación)

4,072 ÷ 39 → _____

LCE
84,
109–110

2 Redondea cada cantidad al dólar más cercano.

a. $4.99 $_____

b. $27.25 $_____

c. $119.53 $_____

LCE
124–127

3 Escribe el valor de cada dígito del número 4,327.519.

El 4 vale _____.

El 3 vale _____.

El 2 vale _____.

El 7 vale _____.

El 5 vale _____.

El 1 vale _____.

El 9 vale _____.

LCE
118–120

4 Destiny está haciendo dos guisos. Una receta lleva $\frac{3}{4}$ de libra de hongos. La otra lleva $\frac{1}{10}$ de libra de hongos. ¿Cuántas libras de hongos necesita Destiny?

_____
(modelo numérico)

Destiny necesita _____ de hongos.

LCE
178–180,
189–190

5 **Escritura/Razonamiento**

Ilustra tu solución al Problema 1 con un modelo de área.

Área (Dividendo): _____

Longitud (Divisor): _____

Ancho (Cociente):

LCE
111–112

Problemas de doblar papel

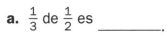

1 Piensa en los siguientes rectángulos como hojas de papel. Traza líneas de doblado y colorea para mostrar cómo hallaste $\frac{1}{3}$ de $\frac{1}{2}$ y $\frac{2}{3}$ de $\frac{1}{2}$ mientras resolvías el problema de pizzas de Ava.

LCE
201

a. $\frac{1}{3}$ de $\frac{1}{2}$ es _____.

b. $\frac{2}{3}$ de $\frac{1}{2}$ es _____.

2 Dobla el papel como ayuda para resolver esta historia de números:

Carolyn tenía $\frac{1}{3}$ de litro de agua. Bebió $\frac{3}{4}$ del agua. ¿Qué parte de un litro bebió?

Piensa: *¿Cuánto es $\frac{3}{4}$ de $\frac{1}{3}$?*

a. Dobla y colorea el papel para mostrar $\frac{1}{3}$. Luego, dobla y colorea encima para mostrar $\frac{1}{4}$ de $\frac{1}{3}$. Anota tu trabajo a continuación.

$\frac{1}{4}$ de $\frac{1}{3}$ es _____.

b. Colorea encima de lo ya coloreado para mostrar $\frac{3}{4}$ de $\frac{1}{3}$. Anota tu trabajo a continuación.

$\frac{3}{4}$ de $\frac{1}{3}$ es _____.

c. ¿Qué parte de un litro de agua bebió Carolyn? _____ litro

Resuelve los Problemas 3 a 6 doblando papel.
Luego, usa los rectángulos para mostrar lo que hiciste.

LCE
201

3 $\frac{1}{2}$ de $\frac{1}{4}$ es _____.

4 $\frac{1}{3}$ de $\frac{2}{3}$ es _____.

5 $\frac{2}{3}$ de $\frac{1}{4}$ es _____.

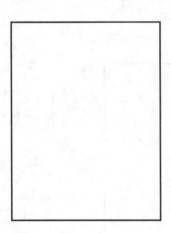

6 $\frac{5}{6}$ de $\frac{3}{4}$ es _____.

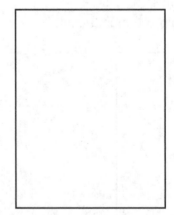

Cajas matemáticas

1 Halla un común denominador de $\frac{2}{3}$ y $\frac{2}{5}$. Luego, resuelve los problemas.

Común denominador: _____

$\frac{2}{3} + \frac{2}{5} =$ _____

$\frac{2}{3} - \frac{2}{5} =$ _____

LCE
177,
189–190

---

2 Una carpintera está haciendo un estante de 37.5 cm de largo y otro de 54.7 cm de largo. ¿Cuánta madera necesita?

_____
(estimación)

Necesita _____ cm de madera.

LCE
128, 130

---

3 ¿Cuál de las siguientes opciones muestra 318.999 en forma desarrollada?

Rellena el círculo que está junto a todas las opciones que corresponden.

Ⓐ $(3 * 100) + (1 * 10) + (8 * 1) + (9 * \frac{1}{10}) + (9 * \frac{1}{100}) + (9 * \frac{1}{1,000})$

Ⓑ $(3 * 100) + (1 * 10) + (8 * 1) + (9 * 0.1) + (9 * 0.01) + (9 * 0.001)$

Ⓒ $300 + 10 + 8 + 9 + 0.9 + 0.09$

Ⓓ $300 + 10 + 8 + 0.9 + 0.09 + 0.009$

LCE
118

---

4 Redondea cada decimal a la centésima más cercana.

a. 0.793 _____

b. 3.125 _____

c. 813.473 _____

d. 6.097 _____

LCE
124–127

---

5 Cho y tres amigos ganaron $217 cortando césped. ¿Cuánto recibirá cada amigo cuando se dividan el dinero en cantidades iguales? Escribe tu respuesta en forma de número mixto.

_____
(modelo numérico)

Cada amigo recibirá _____ dólares.

LCE
44, 108,
113–114

---

6 $302 * 57 = ?$

_____
(estimación)

$302 * 57 =$ _____

LCE
83, 100,
103–104

Modelos de área para la multiplicación de fracciones

1 Este diagrama muestra una manera de representar $\frac{2}{3} \times \frac{2}{3}$.

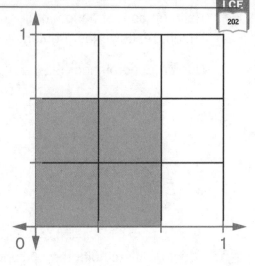

a. ¿Cuáles son las dimensiones del cuadrado grande?

_____ unidad por _____ unidad

b. ¿Cuál es el área del cuadrado grande?

_____ unidad cuadrada

c. ¿Cuáles son las dimensiones del rectángulo sombreado?

_____ de unidad por _____ de unidad

d. ¿Cuál es el área del rectángulo sombreado?

_____ de unidad cuadrada

e. Escribe una oración numérica de multiplicación para el área del rectángulo sombreado.

_____

2 a. Rotula las marcas en blanco en las rectas numéricas.

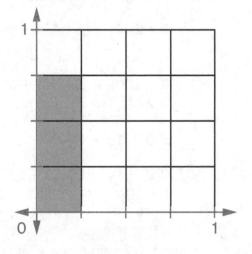

b. ¿Cuáles son las dimensiones del rectángulo sombreado?

_____ de unidad por _____ de unidad

c. ¿Cuál es el área del rectángulo sombreado?

Pista: El área del cuadrado grande es 1 unidad cuadrada.

_____ de unidad cuadrada

d. Escribe una oración numérica de multiplicación para

el área del rectángulo sombreado. _____

3 a. Rotula las marcas en blanco en las rectas numéricas.

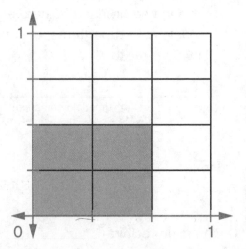

b. ¿Cuáles son las dimensiones del rectángulo sombreado?

_____ de unidad por _____ de unidad

c. ¿Cuál es el área del rectángulo sombreado?

Pista: El área del cuadrado grande es 1 unidad cuadrada.

_____ de unidad cuadrada

d. Escribe una oración numérica de multiplicación para

el área del rectángulo sombreado. _____

Usar modelos de área para multiplicar fracciones

1 Sigue estos pasos usando el diagrama de la derecha como ayuda para multiplicar $\frac{3}{4}$ por $\frac{2}{6}$.

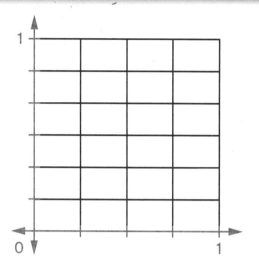

   a. Rotula las marcas en blanco en la recta numérica horizontal.

   b. Rotula las marcas en blanco en la recta numérica vertical.

   c. Colorea un rectángulo de _____

      de unidad de largo y _____ de unidad de ancho.

   d. Halla el área del rectángulo coloreado.

      _____ de unidad cuadrada

   e. Completa el espacio en blanco para hacer una oración numérica verdadera: $\frac{3}{4} \times \frac{2}{6} =$ _____

En los Problemas 2 y 3:

- Rotula las marcas en blanco.
- Colorea un rectángulo con las dimensiones dadas.
- Halla el área de tu rectángulo.
- Completa el espacio en blanco para terminar la oración numérica de multiplicación de fracciones.

2 Dimensiones: $\frac{3}{5}$ por $\frac{2}{3}$

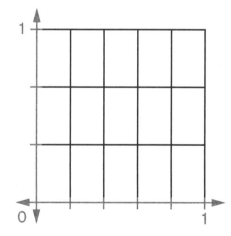

Área: _____ de unidades cuadradas

$\frac{3}{5} \times \frac{2}{3} =$ _____

3 Dimensiones: $\frac{5}{6}$ por $\frac{1}{4}$

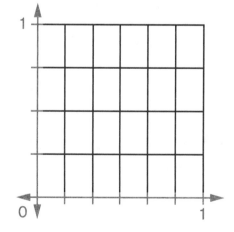

Área: _____ de unidades cuadradas

$\frac{5}{6} \times \frac{1}{4} =$ _____

Cajas matemáticas

1 $9,852 \div 93 = ?$

_____
(estimación)

$9,852 \div 93 \rightarrow$ _____

LCE 84, 109–110

2 Encierra en un círculo el número que muestra cada decimal redondeado a la centésima más cercana.

a. 7.585   7.58 o 7.59

b. 5.004   5.00 o 5.01

c. 23.072   23.07 o 23.08

LCE 124–127

3 a. Usando solo los dígitos 6, 9 y 1, ¿cuál es el mayor decimal menor que 1 que puedes escribir? _____

b. Usando solo los dígitos 6, 9 y 1, ¿cuál es el menor decimal que puedes escribir? _____

c. ¿Cuál es el valor del 6 en cada número

_____

LCE 118–120

4 Gwen recorrió $\frac{7}{8}$ de la distancia de una carrera. Vio a su familia alentándola cuando había recorrido $\frac{2}{3}$ de la distancia. ¿Qué distancia recorrió Gwen desde entonces?

_____
(modelo numérico)

Gwen corrió _____ de la distancia desde que vio a su familia.

LCE 178–180, 189–190

5 **Escritura/Razonamiento** Otis dio una respuesta de $\frac{5}{5}$ al Problema 4. Usa la estimación para explicar cómo sabes que su respuesta es incorrecta.

_____

_____

_____

LCE 181–182

Multiplicar fracciones

1 Describe con tus propias palabras el método para multiplicar fracciones descubierto en clase.

_____

_____

_____

LCE
197–198,
202–203

Usa el algoritmo de multiplicación de fracciones descrito arriba para resolver los Problemas 2 a 7.

2 $\frac{1}{2} * \frac{3}{6} =$ _____

3 $\frac{2}{3} * \frac{1}{4} =$ _____

4 $\frac{3}{5} * \frac{1}{6} =$ _____

5 $\frac{3}{4} * \frac{3}{8} =$ _____

6 $\frac{2}{5} * \frac{4}{10} =$ _____

7 $\frac{7}{9} * \frac{2}{12} =$ _____

8 Escoge uno de los problemas anteriores. Dibuja un modelo de área para el problema. Explica cómo muestra que tu respuesta es correcta.

_____

_____

_____

_____

_____

Escribe un modelo numérico para los Problemas 9 y 10. Luego, resuelve.

9 Sheila tenía $\frac{3}{4}$ de libra de arándanos azules. Usó $\frac{1}{3}$ en una ensalada de frutas. ¿Cuántas libras de arándanos azules usó?

Modelo numérico: _____

Respuesta: _____ de libra

10 El espejo de una casa de muñecas mide $\frac{2}{4}$ de pulgada de ancho y $\frac{3}{4}$ de pulgada de alto. ¿Cuál es el área del espejo en pulgadas cuadradas?

Modelo numérico: _____

Respuesta: _____ de pulgada cuadrada

11 Ben intentó resolver el Problema 9 y obtuvo como respuesta $\frac{4}{7}$. Dijo: "Eso no puede ser correcto porque $\frac{1}{3}$ es menos que $\frac{4}{7}$". ¿Estás de acuerdo con Ben? Explica.

_____

_____

179

Resolver historias de decimales

Para cada historia, escribe un modelo numérico con una letra para la incógnita.
Luego, estima y resuelve.

LCE
44, 128,
130–132

1. Janelle compró leche y pan. Con los impuestos, la leche costó $2.68 y el pan costó $3.42. ¿Cuánto gastó Janelle?

   Modelo numérico: _____

   Estimación: _____

   Janelle gastó _____.

2. Gene compró un libro a $8.79. Pagó con un billete de $10. ¿Cuánto vuelto recibió Gene?

   Modelo numérico: _____

   Estimación: _____

   Gene recibió _____ de vuelto.

3. Harper y Dean corrieron una carrera en la clase de gimnasia. Harper corrió 100 m en 14.56 segundos. Dean corrió la misma distancia en 15.12 segundos. ¿Cuánto más rápido fue Harper que Dean?

   Modelo numérico: _____

   Estimación: _____

   Harper le ganó a Dean por _____ segundo(s).

4. Diana está usando Internet para una investigación. Un sitio web mostró que le llevó 0.51 segundos realizar la primera búsqueda, 0.26 segundos la segunda y 0.28 segundos la tercera. ¿Cuánto tardó en realizar las tres búsquedas?

   Modelo numérico: _____

   Estimación: _____

   El motor de búsqueda tardó _____ segundo(s) en realizar las tres búsquedas.

5. Explica cómo resolviste el Problema 3.

   _____

   _____

   _____

Cajas matemáticas

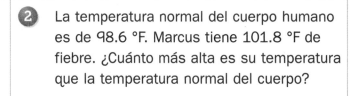

Cajas matemáticas

---

1 Resuelve. Muestra tu trabajo.

$8\frac{5}{6} + 1\frac{1}{7} =$ _____

LCE
177, 191

---

2 La temperatura normal del cuerpo humano es de 98.6 °F. Marcus tiene 101.8 °F de fiebre. ¿Cuánto más alta es su temperatura que la temperatura normal del cuerpo?

_____
(estimación)

La temperatura de Marcus es _____ grados más alta que la normal.

LCE
128,
131–132

---

3 Irma está haciendo dos tipos de moños para vender en la feria de artesanías. Quiere hacer una muestra de cada tipo de moño para mostrarle a su maestro. Necesita $\frac{3}{4}$ de yarda de cinta para un tipo de moño y $\frac{3}{8}$ de yarda de cinta para el otro. ¿Cuánta cinta necesita en total?

Irma necesita _____ yarda(s) de cinta.

LCE
178–180,
189–190

---

4 Escribe un modelo numérico para representar la historia. Luego, resuelve.

Alex gana $8 por hora cuando cuida niños. ¿Cuánto ganará en $\frac{3}{4}$ de hora?

_____
(modelo numérico)

Alex ganará $_____.

LCE
44, 196,
199–200

---

5 **Escritura/Razonamiento** Explica la estrategia que usaste para restar en el Problema 2.

_____

_____

_____

LCE
131–132

181

Representar la multiplicación de fracciones

1. Haz un dibujo o dobla un pedazo de papel como ayuda para hallar $\frac{1}{3}$ de $\frac{2}{5}$. _____

2. Explica cómo tu dibujo o papel doblado representa el problema.

Cajas matemáticas: Avance de la Unidad 6

1 Escribe cada número usando la notación exponencial.

a. 10,000,000 = _____

b. 100,000 = _____

LCE
68

2 Resuelve.

8 * 700 = _____

36,000 = _____ * 40

320,000 = 800 * _____

2,000 * _____ = 24,000

5,000 * 4,000 = _____

LCE
97–98

3 Halla el volumen de la siguiente figura.

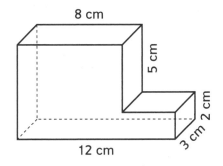

8 cm

5 cm

2 cm

3 cm

12 cm

Volumen = _____ cm³

LCE
233–234

4 Completa los espacios en blanco con <, > o =.

$30 * \frac{3}{10}$ _____ 30

30 _____ 30 * 0.3

$30 * \frac{3}{10}$ _____ 30 * 0.3

LCE
197–198

5 Coloca las fracciones y los números mixtos en la recta numérica.

$\frac{7}{3}$ $\frac{1}{4}$ $\frac{3}{2}$ $2\frac{1}{4}$

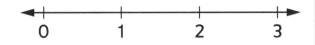

0   1   2   3

LCE
158–160

6 Mira las siguientes oraciones numéricas.

$6 \times 10^2 = 600$

$1 \times 10^7 = 10,000,000$

$9 \times 10^5 = 900,000$

Explica el patrón en la cantidad de ceros de cada producto.

_____

_____

_____

LCE
95–96

Explicar la regla de las fracciones equivalentes

Mensaje matemático

1 Completa los espacios en blanco con >, < o =.

a. $5 * \frac{1}{2}$ _____ 5

b. $5 * 2\frac{1}{3}$ _____ 5

c. $5 * \frac{5}{4}$ _____ 5

d. $5 * \frac{86}{87}$ _____ 5

e. $5 * 1$ _____ 5

---

2 **a.** Escribe tres fracciones equivalentes a 1. _____, _____, _____

b. Usa las fracciones que escribiste en la Parte a para escribir tres fracciones equivalentes a $\frac{4}{5}$.

$\frac{4}{5} * \boxed{\frac{3}{3}} = \frac{12}{15}$ _____, _____, _____

c. Explica cómo sabes que las fracciones que hallaste en la Parte b son equivalentes a $\frac{4}{5}$.

_____

_____

_____

3 Mira las fracciones de la siguiente tabla. Todas se pueden volver a escribir como fracciones equivalentes con 12 como denominador. ¿Por cuánto multiplicarías cada fracción para formar doceavos? Escribe el nombre fraccionario de 1 que usarías en cada caso. Luego, halla la fracción equivalente con 12 como denominador. Se completó una fila como ejemplo.

Fracción original	Nombre fraccionario de 1	Fracción equivalente
$\frac{2}{3}$	$\frac{4}{4}$	$\frac{8}{12}$
$\frac{3}{4}$		
$\frac{5}{6}$		
$\frac{1}{2}$		

4 Escoge un nombre fraccionario de 1 que usaste en el Problema 3. ¿Cómo sabes que la fracción es equivalente a 1?

_____

_____

Cajas matemáticas

1 Completa los espacios en blanco con <, > o =.

a. $\frac{2}{3} \times 17$ _____ 17

b. $\frac{19}{20} \times 13$ _____ 13

c. $\frac{11}{12} \times 52$ _____ $52 \times \frac{11}{12}$

LCE
197–198

2 Resuelve. Muestra tu trabajo.

$$4\frac{3}{5}$$
$$- \quad 2\frac{1}{2}$$

LCE
177.
192–193

3 Colorea el rectángulo para ilustrar cómo doblarías el papel para hallar $\frac{1}{4} * \frac{2}{3}$.

$\frac{1}{4} * \frac{2}{3} =$ _____

LCE
201

4 La tabla muestra la nevada mensual usual en Chicago para varios meses.

Mes	Nieve (cm)
enero	27.4
febrero	23.1
marzo	14.2
noviembre	3.0
diciembre	21.6

De los meses mostrados, ¿cuál tiene la mayor nevada usual?

_____

¿La menor? _____

LCE
122–123

5 La siguiente gráfica muestra la cantidad de herramientas de jardinería necesarias para diferentes cantidades de grupos que participan de un día de jardinería. ¿Cuántas herramientas se necesitan si

participan 4 grupos? _____

LCE
55–56

6 $113.63 + 27.14 = ?$

_____
(estimación)

$113.63 + 27.14 =$ _____

LCE
128, 130

Une cada tarjeta de oración numérica (*Originales para reproducción*, p. 199) con una tarjeta de representación (*Originales para reproducción*, p. 200). Escoge un par y piensa en una historia de números que podría simbolizarse con la oración numérica y la representación. Pega las tarjetas en las siguientes cajas, y anota tu historia de números y tu solución. Repite con otro par de tarjetas.

Tarjeta de oración numérica	Tarjeta de representación

Historia de números: _____

_____

_____

Tarjeta de oración numérica	Tarjeta de representación

Historia de números: _____

_____

_____

Cajas matemáticas

Cajas matemáticas

---

1   Resuelve. Muestra tu trabajo.

$3\frac{1}{4} + 7\frac{4}{5} =$ _____

LCE
177, 191

---

2   La familia de Jasmine tomará un autobús para ir a un partido de béisbol que empieza dentro de 4 horas. El autobús sale dentro de 1.5 horas y el viaje dura 2.75 horas. ¿Llegará al partido en hora la familia de Jasmine?

Rellena el círculo que está junto a la mejor respuesta.

(A)   Llegarán al partido un poco temprano.

(B)   Llegarán al partido un poco tarde.

(C)   Llegarán al partido en hora.

LCE
128

---

3   La madre de Carmen está comprando arroz. El paquete de la marca A contiene $\frac{3}{4}$ de libra. El paquete de la marca B contiene $\frac{2}{3}$ de libra. ¿Qué marca contiene más arroz?

Respuesta: _____

¿Cuánto arroz más? _____ de libra

LCE
174, 176,
189–190

---

4   Resuelve.

a. $\frac{1}{5} * 25 =$ _____

b. $17 * \frac{3}{4} =$ _____

LCE
195–196,
199–200

---

5   **Escritura/Razonamiento** Escribe una historia de números que se pueda representar con el Problema 4b.

_____

_____

_____

LCE
178–180

187

Resolver problemas de división de fracciones

Escribe un modelo numérico con una letra para la incógnita en los Problemas 1 y 2.
Resuelve y muestra tu estrategia de solución con representaciones o dibujos.
Resume tu trabajo con un modelo numérico de división. Verifica tu respuesta usando
la multiplicación y escribe una oración numérica para mostrar cómo verificaste.

1. Dos estudiantes se reparten en partes iguales $\frac{1}{4}$ de barra de plastilina.
   ¿Qué parte de la barra de plastilina recibirá cada estudiante?

   Modelo numérico: _____

   Solución: Cada estudiante recibirá _____ de la barra de plastilina.

   Resumen del modelo numérico: _____

   Verificación por multiplicación: _____

2. Tres familias se reparten en partes iguales $\frac{1}{3}$ del espacio de un jardín comunitario.
   ¿Qué parte del espacio del jardín comunitario usa cada familia?

   Modelo numérico: _____

   Solución: Cada familia usa _____ del espacio
   del jardín comunitario.

   Resumen del modelo numérico: _____

   Verificación por multiplicación: _____

3. Cuando divides una fracción por un número entero mayor que 1,
   ¿es el cociente mayor o menor que la fracción? Explica.

   _____
   _____
   _____

Inténtalo

4. Escribe una historia de números para $\frac{1}{5} \div 2$. Resuelve tu historia. _____

   _____

Alimentar a una ballena azul

Las ballenas azules son los animales más grandes de la Tierra. Una ballena azul puede llegar a medir más de 30 metros de largo y a pesar más de 180 toneladas métricas. Pese a su enorme tamaño, la ballena azul come principalmente pequeños animales parecidos a los camarones, llamados kril.

Esta tabla muestra la cantidad promedio de kril que come una ballena azul durante la temporada de alimentación.

Escribe los datos que muestra la tabla en forma de pares ordenados.

Marca los puntos en la gráfica y conéctalos con una línea.

Días (x)	Total de kril comidos (toneladas métricas) (y)
2	7
4	14
6	21

Pares ordenados:

(_____ , _____)

(_____ , _____)

(_____ , _____)

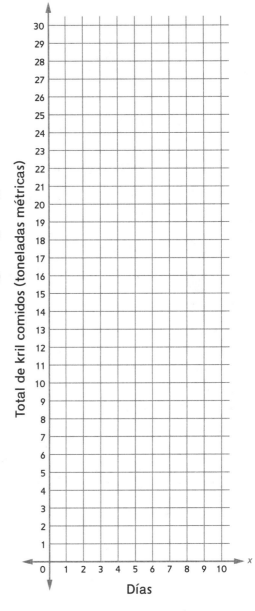

Usa la gráfica para responder las preguntas.

1. ¿Alrededor de cuántas toneladas métricas de kril come una ballena azul en 1 día?

   _____ toneladas métricas

2. ¿Alrededor de cuántas toneladas métricas de kril come una ballena azul en 1 semana?

   _____ toneladas métricas

3. ¿Alrededor de cuántos días tarda una ballena azul en comer 28 toneladas métricas de kril? _____ días

4. ¿Alrededor de cuántos días tarda una ballena azul en comer 10 toneladas métricas de kril? _____ días

Inténtalo

¿Alrededor de cuántos días tarda una ballena azul en comer 7,000 kg de kril? Consulta la tabla del sistema métrico del *Libro de consulta del estudiante* como ayuda.

_____

_____

189

Cajas matemáticas

1 Completa los espacios en blanco con <, > o = para hacer oraciones numéricas verdaderas.

a. $\frac{8}{10} * \frac{7}{8}$ _____ $\frac{8}{10}$

b. $\frac{6}{5} * 9$ _____ $1\frac{1}{5} * 9$

c. $1\frac{1}{12} * 76$ _____ 76

LCE
197-198

2 Resuelve. Muestra tu trabajo.

$12\frac{1}{2} - 1\frac{3}{4} =$ _____

LCE
177,
192-193

3 Escribe una oración numérica de multiplicación que describa el rectángulo coloreado.

_____

LCE
201

4 Los siguientes números muestran el costo de un pan en diferentes años entre 1930 y 2008. Escribe los costos en orden de menor a mayor.

$0.09, $2.79, $0.70, $0.12, $0.25

_____, _____, _____,

_____, _____

LCE
122-123

5 La siguiente gráfica muestra cuánta harina le queda a Nigella después de hacer unas tandas de panqueques. ¿Cuántas tazas de harina le quedan después de hacer 6

tandas de panqueques? _____ tazas

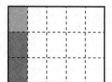

LCE
55-56

6 $54.19 - 36.57 = ?$

_____
(estimación)

$54.19 - 36.57 =$ _____

LCE
128,
131-132

Problemas de división de fracciones

Escribe un modelo numérico con una letra para la incógnita para los Problemas 1 y 2. Resuelve y muestra tu estrategia de solución. Resume tu trabajo con un modelo numérico de división. Verifica tu respuesta usando la multiplicación y escribe una oración numérica para mostrar cómo verificaste.

1 ¿Cuántas cajas de frutos secos de $\frac{1}{2}$ libra se pueden hacer con 10 libras de frutos secos?

Modelo numérico: _____

Solución: Se pueden hacer _____ cajas de frutos secos de $\frac{1}{2}$ libra.

Resumen del modelo numérico: _____

Verificación con multiplicación: _____

2 Darcy tiene 6 metros de hilo. Quiere cortar el hilo en pedazos de $\frac{1}{3}$ de metro para hacer collares con una clase de kindergarten. Si usa los 6 metros de hilo, ¿cuántos pedazos de $\frac{1}{3}$ de metro tendrá Darcy?

Modelo numérico: _____

Solución: Darcy tendrá _____ pedazos de hilo de $\frac{1}{3}$ de metro.

Resumen del modelo numérico: _____

Verificación con multiplicación: _____

③ Escribe una historia de números para $5 \div \frac{1}{4}$.

LCE
207–209

Historia de números: _____

_____

_____

Resuelve tu historia de números. Haz un dibujo para mostrar tu estrategia de solución.

Solución: _____

Resumen del modelo numérico: _____

Verificación con multiplicación: _____

④ Cuando divides un número entero por una fracción menor que 1, ¿es el cociente mayor o menor que el número entero? Explica.

_____

_____

_____

Cajas matemáticas

1 Resuelve. Muestra tu trabajo.

$$\underline{\hspace{2cm}} = 1\frac{7}{8} + 2\frac{1}{2}$$

LCE
177, 191

2 Kallie terminó la carrera de 200 metros en exactamente 30.0 segundos. Otra corredora terminó en 27.8 segundos. ¿Cuánto más rápido que Kallie corrió la otra corredora?

_____
(estimación)

_____
(modelo numérico)

LCE
44, 128, 131–132

Respuesta: _____ segundos más rápida

3 Frances resolvió el problema $4\frac{7}{8} + 2\frac{1}{2}$ y obtuvo $6\frac{8}{10}$ como resultado. ¿Tiene razón? ¿Cómo lo sabes?

_____

_____

_____

LCE
181–185

4 El siguiente rectángulo es un modelo del jardín de Gary. ¿Cuál es el área del jardín?

$\frac{5}{6}$ yd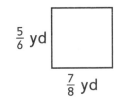

$\frac{7}{8}$ yd

_____
(modelo numérico)

LCE
44, 202–203, 225

Respuesta: _____ de yardas cuadradas

5 **Escritura/Razonamiento** Explica cómo resolviste el Problema 1.

_____

_____

_____

_____

_____

LCE
177, 191

Cajas matemáticas

Cajas matemáticas

1 Completa la tabla.

Notación estándar	Notación exponencial
10,00	
	10^3
	10^8
1,000,000,000	
	10^5

LCE
68

2 Resuelve.

$800 * 3,000 = $ _____

$54,000 = $ _____ $* 60$

$320,000 = 800 * $ _____

$5,000 * $ _____ $= 100,000$

$40 * 900 = $ _____

LCE
97–98

3 ¿Qué prisma tiene el mayor volumen? Escoge la mejor respuesta.

◯ Un cubo con 5 cm de longitud de lado.

◯ Un prisma rectangular con 5 cm de largo, 5 cm de ancho y 7 cm de alto.

◯ Un prisma rectangular con 16 cm² de área de base y 12 cm de altura.

LCE
233

4 Completa el espacio en blanco con $<$, $>$ o $=$.

$8 \times \frac{3}{4}$ _____ 8

8 _____ 8×1.1

$8 \times \frac{9}{8}$ _____ 8

LCE
197–198

5 Coloca tres fracciones o números mixtos en la recta numérica.

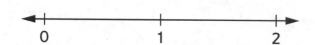

LCE
158–160

6 Halla un patrón.
Úsalo para resolver el último problema.

$300,000 \div 10 = 30,000$

$300,000 \div 100 = 3,000$

$300,000 \div 1,000 = 300$

$300,000 \div 10,000 = $ _____

LCE
95–96

Interpretar datos sobre alimento para perros

Samantha compra una bolsa de 40 libras de alimento para sus 3 perros, que comen un total de 7 libras de alimento cada 2 días.

LCE 55–56, 275

① Completa la siguiente tabla. Escribe los datos como pares ordenados. Representa los puntos en la gráfica y conéctalos con una línea.

Días (x)	Libras de alimento restantes (y)
0	40
2	
	26
6	

Pares ordenados:

(____, ____)

(____, ____)

(____, ____)

(____, ____)

Usa la cuadrícula para responder las preguntas.

② ¿Cuántas libras de alimento quedarán en la bolsa al final del día 5?

Alrededor de _____ libras

③ ¿Cuántas libras de alimento quedarán en la bolsa al final del día 8?

Alrededor de _____ libras

④ El hermano de Samantha dijo que una bolsa de 40 libras de alimento duraría 2 semanas. ¿Tiene razón? Explica cómo lo sabes.

_____

_____

Inténtalo

El veterinario de Samantha sugirió que la bolsa de alimento de 40 libras debía durar 2 semanas. Samantha pensó: "Puedo marcar un punto en (14, 0) para mostrar que no queda alimento en la bolsa después de 14 días". Marca un punto en (14, 0). Dibuja una nueva línea que conecte solo los puntos (0, 40) y (14, 0). Usa la nueva línea para responder las preguntas.

⑤ En el nuevo plan de alimentación, ¿cuánto alimento quedará en la bolsa después de 2 días?

Alrededor de _____ libras

⑥ ¿Cuántas libras de alimento debería darles Samantha a sus perros cada 2 días?

Alrededor de _____ libras

Multiplicar y dividir por potencias de 10

Multiplicar y dividir por potencias de 10

LCE
133, 334

1. Cuando multiplicas un número por una potencia de 10, ¿piensas que el producto será mayor o menor que el número inicial? ¿Por qué?

_____

_____

2. Usa una calculadora para completar la tabla. Halla patrones en el movimiento del punto decimal. *Nota:* Escribe un cero en el lugar de los decimales para mostrar la ubicación del punto decimal en números enteros. Por ejemplo, escribe 453.0 en lugar de 453 para mostrar el punto decimal.

Número inicial	× Potencia de 10	Resultado en notación estándar	Movimiento del punto decimal	
			Dirección	Cantidad de lugares
4.53	$\times 10^1$			
4.53	$\times 10^2$			
4.53	$\times 10^3$			
4.53	$\times 10^4$			
4.53	$\times 10^5$			
4.53	$\times 10^6$			

3. **a.** Observa tus resultados en la tabla anterior. Compara la potencia de 10 en cada fila con el movimiento del punto decimal. ¿Qué observas?

_____

_____

b. Usa los patrones que observaste para escribir una regla para multiplicar cualquier decimal por una potencia de 10.

_____

_____

_____

4. Si *divides* un número inicial por una potencia de 10, ¿piensas que el cociente será mayor o menor que el número inicial? ¿Por qué?

_____

_____

Multiplicar y dividir por potencias de 10 (continuación)

Dividir por potencias de 10

5   Usa una calculadora para completar la tabla. Halla patrones en el movimiento del punto decimal.

Número inicial	÷ Potencia de 10	Resultado en notación estándar	Movimiento del punto decimal	
			Dirección	*Cantidad de lugares*
67.2	$\div 10^1$			
67.2	$\div 10^2$			
67.2	$\div 10^3$			
67.2	$\div 10^4$			
67.2	$\div 10^5$			
67.2	$\div 10^6$			

6   **a.** Observa tus resultados en la tabla anterior. Compara la potencia de 10 en cada fila con el movimiento del punto decimal. ¿Qué observas?

_____

_____

     b. Usa los patrones que observaste para escribir una regla para dividir cualquier decimal por una potencia de 10.

_____

_____

Aplicar reglas para multiplicar y dividir por potencias de 10

Usa las reglas que descubriste para multiplicar y dividir en los Problemas 7 a 12.
No uses la calculadora.

7 $5.8 \times 10^2 =$ _____   **8** $2.8 \div 10^2 =$ _____

9 $673.9 \div 10^2 =$ _____   **10** $23.7 \times 10^2 =$ _____

11 $3.1 \times 10^4 =$ _____   **12** $49.2 \div 10^4 =$ _____

13   Explica la ubicación del punto decimal en tu respuesta al Problema 7.

_____

_____

_____

Cajas matemáticas

1 Resuelve.

a. $\frac{2}{3}$ de 7 = _____

b. $\frac{3}{8}$ de 5 = _____

c. $\frac{4}{5}$ de 12 = _____

LCE
196

2 **a.** Escribe un número de 6 dígitos con 7 en el lugar de los millares, 5 en el lugar de las centésimas, 4 en el lugar de las décimas, 3 en el lugar de las decenas y 9 en todos los demás lugares.

_____

b. Escribe este número en palabras.

_____

_____

_____

LCE
117–119

3 Un diseñador de vestuario usa exactamente 264 yardas de tela verde para hacer 36 disfraces de rana Si cada disfraz requiere la misma cantidad de tela, ¿cuántas yardas usará para cada disfraz?

_____
(modelo numérico)

LCE
44, 109,
113–114

Respuesta: _____

4 Nigel tiene 2 perros. Uno come $2\frac{1}{2}$ libras de alimento por semana. El otro come $1\frac{3}{8}$ libra por semana. ¿Cuánto alimento comen los dos perros por semana?

_____
(modelo numérico)

LCE
177–180,
191

Respuesta: _____ libras

5 **Escritura/Razonamiento** Explica qué hiciste con el residuo en el Problema 3.

_____

_____

_____

_____

LCE
113–114

Practicar la división de fracciones

En cada problema, escribe un modelo numérico usando una letra para la incógnita. Resuelve y muestra tu estrategia de solución con un dibujo u otro modelo. Verifica tu respuesta con la multiplicación y escribe una oración numérica para demostrarlo

1   Selena tiene 6 pulgadas de cinta adhesiva para pegar fotos en su cartulina. Si corta la cinta adhesiva en trozos de $\frac{1}{2}$ pulgada, ¿cuántos trozos tendrá?

Modelo numérico: _____

Selena tendrá _____ trozos de cinta adhesiva de $\frac{1}{2}$ pulgada.

Verificación: _____

2   Heather tiene $\frac{1}{4}$ de sandía. Si la comparte en partes iguales con su hermano y su hermana, ¿cuánta sandía recibirá cada uno?

Modelo numérico: _____

Cada uno recibirá _____ de sandía.

Verificación: _____

3   El señor Middleton tiene $\frac{1}{2}$ caja de papel de colores. Quiere dividir el papel en partes iguales entre 5 grupos de trabajo para un proyecto de arte. ¿Cuánto papel recibirá cada grupo de trabajo?

Modelo numérico: _____

Cada uno recibirá _____ de la caja de papel.

Verificación: _____

4   Una caja contiene 2 tazas de pasas de uva. Una porción es $\frac{1}{4}$ de taza. ¿Cuántas porciones hay en una caja?

Modelo numérico: _____

Hay _____ porciones en una caja.

Verificación: _____

Cajas matemáticas

1 Priya quiere usar un tercio de su colección de cuentas para hacer pulseras para 5 amigas. ¿Qué fracción de su colección debería usar para cada pulsera?

_____
(modelo numérico)

Respuesta: _____

LCE 207

2 Resuelve.

a.   5 . 7 1
     + 9 . 8 8
     _____

b.   8 0 3 . 4
     +   9 8 . 6
     _____

LCE 130

3 Escribe 3 denominadores comunes que podrías usar para resolver $1\frac{2}{3} + \frac{5}{6}$.

_____

LCE 177

4 Redondea cada decimal a la décima más cercana.

a. 4.75 _____

b. 17.31 _____

c. 9.18 _____

d. 0.06 _____

LCE 124–127

5 Delaney registra la cantidad total de porciones de verdura que comió en la semana. Representa los datos en la gráfica y responde la pregunta.

Día (x)	Porciones de verdura totales (y)
1	2
2	4
3	6
4	8
5	10
6	12
7	14

Eje y: Porciones de verdura totales (0–14); Eje x: Día (0–7)

¿Qué día comió Delaney su séptima porción de verdura? _____

LCE 55–56, 275

200

Convertir unidades métricas

Mensaje matemático

entrada (m)

salida (cm)

1. Hay 100 centímetros (cm) en un metro (m).
   Usa esta información para escribir una regla
   en la máquina de funciones. Luego, completa
   la tabla de "¿Cuál es mi regla?" de la derecha.

LCE
215–216,
328

entrada (m)	salida (cm)
1	100
2	
3	
4	
5	

Convierte las unidades dadas para completar las siguientes tablas de "¿Cuál es mi regla?".
Usa la notación exponencial para escribir cada regla.

2. **a.** Convierte centímetros (cm)
   a milímetros (mm).

entrada

Regla

salida

entrada (cm)	salida (mm)
1	10
3	
4.7	
	50
	5
	17

b. Escribe una regla que podrías usar para
convertir de milímetros a centímetros.

Pista: ¿Cómo puedes hallar el número de
entrada si conoces el número de *salida*?

_____

3. **a.** Convierte gramos (g)
   a kilogramos (kg).

entrada

Regla

salida

entrada (g)	salida (kg)
1,000	1
2,500	
250	
	8
	0.8
	0.08

b. Escribe una regla que podrías usar para
convertir de kilogramos a gramos.

Pista: ¿Cómo puedes hallar el número de
entrada si conoces el número de *salida*?

_____

4. Hay 43 miligramos de cafeína en una botella de té helado. ¿Cuántos gramos de cafeína son?
   Responde las siguientes preguntas para resolver.

   a. ¿Qué unidades debes convertir?

   De _____ a _____

   b. ¿Cómo se relacionan esas unidades?

   _____ = _____

   c. Escribe tus respuestas a las Partes a y b en la
   tabla de "¿Cuál es mi regla?". Completa la regla.

   d. ¿Cuántos gramos son 43 miligramos? _____

entrada

Regla

salida

entrada ( )	salida ( )

201

Resolver historias de conversión

Resuelve las siguientes historias de números. Muestra tu trabajo.
Rotula las unidades en cada paso.

LCE
133, 136,
215–216

1 Max tiene un estante de 1.3 m de altura. Si coloca una lámpara de 45 cm de altura sobre el estante, ¿cuál será la altura en metros desde el piso hasta la punta de la lámpara?

• ¿Qué unidades debes convertir? De _____ a _____

• ¿Cómo se relacionan esas unidades? _____ = _____

• ¿Qué regla puedes usar para convertir de las unidades que tienes a las unidades que

   necesitas para resolver el problema? _____

   La altura dese el piso hasta la punta de la lámpara es de _____ m.

2 Alida tiene tos. Su madre le dio 10 mL de jarabe para la tos y 0.5 L de agua. ¿Cuántos mL de líquido tomó Alida en total?

3 Tina y Kyle están haciendo una caminata de 5 km a beneficio. Pasaron un cartel que decía: "¡Solo 100 metros hasta la meta!". ¿Cuántos km habían caminado Tina y Kyle cuando pasaron el cartel?

Alida tomó _____ mL de líquido.

Tina y Kyle habían caminado _____ km cuando pasaron el cartel.

Inténtalo

4 Hay 8 porciones de jugo de naranja en una jarra. Si cada porción tiene 60 mg de vitamina C, ¿cuántos gramos de vitamina C hay en todo el recipiente?

Hay _____ g de vitamina C en el recipiente.

Cajas matemáticas

1 ¿Cuál de las oraciones numéricas corresponde al siguiente dibujo?

Rellena el círculo junto a la mejor respuesta.

○ **A.** $3 * 9 = 21$

○ **B.** $3 * 7 = \frac{21}{9}$

○ **C.** $3 * \frac{7}{9} = \frac{21}{9}$

LCE 199

2   **a.** Escribe un número de 7 dígitos con un 9 en el lugar del millar, 1 en el lugar de las centésimas, 4 en el lugar de las decenas, 8 en el lugar de las milésimas y 2 en todos los demás lugares.

_____

b. Escribe este número en palabras.

_____

_____

_____

LCE 117–119

3 Juan viaja 732 millas en carro. Si el carro de Juan recorre alrededor de 31 millas con cada galón de gasolina, ¿cuántos galones de gasolina necesitará para todo el viaje?

_____

(modelo numérico)

Respuesta:

alrededor de _____ galones

LCE 44, 109. 113–114

4 Un cachorro pesaba $\frac{7}{8}$ lb al nacer y $2\frac{1}{4}$ lb a las 2 semanas. ¿Cuánto peso ganó en 2 semanas?

_____

(modelo numérico)

Respuesta: _____ lb

LCE 177–180, 192–193

5 **Escritura/Razonamiento** ¿Cómo cambiaría el valor del 4 en el Problema 2 si se lo moviera un lugar hacia la izquierda? ¿Y si se lo moviera un lugar hacia la derecha? Explica.

_____

_____

_____

_____

LCE 118–119

Cajas matemáticas

Cajas matemáticas

1 Quincy tiene $\frac{1}{2}$ caja de cereal para comer durante 6 días. Si divide la $\frac{1}{2}$ caja en porciones iguales, ¿cuánto comerá cada día?

_____

(modelo numérico)

Respuesta:

LCE 207

_____ de caja de cereal

2 Resuelve.

a. $\begin{array}{r} 6\ 0\ 4\ .\ 2\ 4 \\ -\ 5\ 9\ 9\ .\ 7\ 9 \\ \hline \end{array}$

b. $\begin{array}{r} 9 \\ -\ 3\ .\ 5\ 2 \\ \hline \end{array}$

LCE 131–132

3 Vuelve a escribir el problema con un común denominador. Luego, resuelve.

$12\frac{1}{2} - 9\frac{3}{7} = ?$

_____

$12\frac{1}{2} - 9\frac{3}{7} =$ _____

LCE 177, 192–193

4 Redondea 2,813.965 a:

a. la centena más cercana _____

b. la centésima más cercana_____

c. la unidad más cercana_____

d. la décima más cercana_____

LCE 79–82, 124–127

5 Usa los puntos de la cuadrícula para completar las coordenadas en la tabla.

LCE 55–56, 275

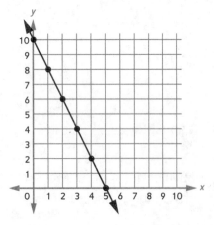

x	y
0	
	8
2	6
3	
	2
5	

Escribe una historia de números que se pueda representar con estos datos.

_____

_____

_____

Diagrama de puntos:
Datos sobre la longitud de lápices

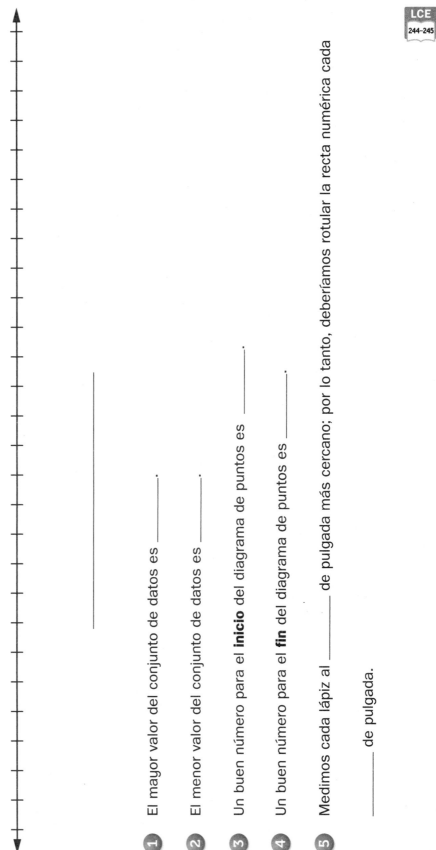

1. El mayor valor del conjunto de datos es _____.

2. El menor valor del conjunto de datos es _____.

3. Un buen número para el **inicio** del diagrama de puntos es _____.

4. Un buen número para el **fin** del diagrama de puntos es _____.

5. Medimos cada lápiz al _____ de pulgada más cercano; por lo tanto, deberíamos rotular la recta numérica cada _____ de pulgada.

1. Mi estatura a la $\frac{1}{2}$ pulgada más cercana es _____.

2. El mayor valor del conjunto de datos es _____.

3. El menor valor del conjunto de datos es _____.

4. Un buen número para el **inicio** del diagrama de puntos es _____.

5. Un buen número para el **fin** del diagrama de puntos es _____.

6. Medimos a cada estudiante a la _____ pulgada más cercana; por lo tanto, deberíamos rotular la recta numérica cada _____ pulgada.

Usar un diagrama de puntos para resolver problemas

Usa tu diagrama de puntos sobre la estatura de los estudiantes para resolver los siguientes problemas.

LCE
187–188,
247, 328

1 ¿Cuántos estudiantes incluye tu conjunto de datos? _____

2 ¿Cuál es la estatura más común representada en tu conjunto de datos? _____ pulgadas

3 ¿Cuántos estudiantes de tu clase miden 55 o más pulgadas de estatura? _____

4 ¿Cuál es la diferencia entre la mayor estatura y la menor? _____ pulgadas

Explica cómo resolviste el problema.

_____

_____

5 ¿Cuál es la estatura total de todos los estudiantes de tu clase? _____ pulgadas

Muestra cómo resolviste el problema.

6 Imagina que tú y tus compañeros se recuestan en un campo de béisbol, pie con cabeza a partir del *home*, a lo largo de la línea de primera base. ¿A qué distancia estarían de llegar a la primera base? (La distancia desde el *home* hasta la primera base es de 90 pies).

☐ Cubriríamos exactamente la distancia desde el *home* hasta la primera base.

☐ No llegaríamos hasta la primera base. Nos faltarían _____.

☐ Nos pasaríamos de la primera base, por _____.

Explica cómo resolviste el problema.

_____

_____

Diagramas de puntos de alturas de animales

Altura de pingüinos emperador

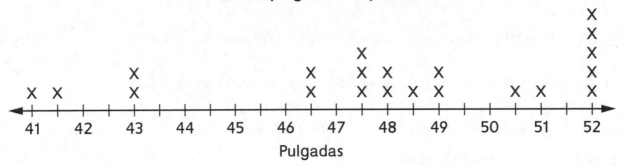

Pulgadas

Altura de chimpancés

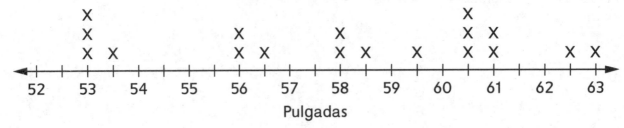

Pulgadas

Altura de canguros rojos

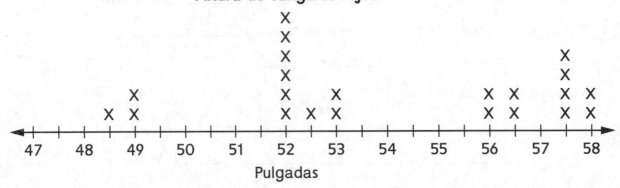

Pulgadas

Usar un diagrama de puntos para nivelar datos

Usa los datos del diagrama de puntos de la página 208 del diario para hallar la altura promedio de un

_____.
(nombre del animal)

Responde estas preguntas como ayuda para hallar la altura promedio del animal.
Muestra tu trabajo a continuación.

1 ¿Cuál es el total combinado de todas las medidas mostradas en el diagrama de puntos del animal?

_____ pulgadas

2 ¿Cuántos puntos de datos se muestran en el diagrama de puntos? _____ puntos de datos

3 Escribe un modelo numérico que muestre cómo nivelar los datos para hallar la altura promedio del animal. (Usa tus respuestas a los Problemas 1 y 2).

_____

4 La altura promedio de un _____ es de alrededor de _____ pulgadas.
(nombre del animal)

5 Escribe el nombre del animal y encierra en un círculo la palabra que completa la oración, basándote en lo que hallaste.

Un _____ promedio es **más alto / más bajo** que un estudiante promedio
(nombre del animal)   (encierra una opción en un círculo)
de quinto grado.

Practicar la multiplicación de fracciones

Escribe un modelo numérico con una letra para la incógnita en los Problema 1 a 4.
Luego, resuelve.

LCE
199,
202–203

1 Hannah compró un paquete de 12 bolígrafos. Llevó $\frac{2}{3}$ a la escuela. ¿Cuántos bolígrafos llevó a la escuela?

Modelo numérico: _____

2 Craig iba caminando hasta un supermercado a $\frac{3}{4}$ de milla. A $\frac{1}{2}$ camino de la tienda, se encontró con su amigo Greg. ¿Cuánto había caminado Craig cuando se encontró con Greg?

Modelo numérico: _____

Hannah llevó _____ bolígrafos a la escuela.

Craig había caminado _____ de milla.

3 Lamar está investigando sobre las estampillas postales de diferentes años. Una estampilla medía $\frac{7}{8}$ de pulgada por $\frac{2}{3}$ de pulgada. ¿Cuál es el área de la estampilla?

Modelo numérico: _____

4 La clase de Phoebe había llenado $\frac{3}{4}$ de una caja con donaciones de alimentos. La clase quiere recolectar 4 veces esa cantidad durante la colecta de alimentos. ¿Cuántas cajas quiere llenar la clase de Phoebe?

Modelo numérico: _____

El área de la estampilla es de _____ pulg.^{2}

La clase de Phoebe quiere llenar _____ cajas.

5 Escribe una historia de números que pueda representarse con esta oración numérica. Luego, resuelve.

$$\frac{5}{6} * \frac{1}{2} = p$$

_____

_____

_____

_____

Solución: _____

Cajas matemáticas

① Colorea un rectángulo para representar $\frac{2}{3} * \frac{5}{6}$.

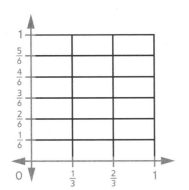

$\frac{2}{3} * \frac{5}{6} =$ _____

LCE
202

② Resuelve.

$6 \div \frac{1}{3} =$ _____

LCE
209

③ Escribe los siguientes números en orden de mayor a menor.

0.38   0.308   3.08   3.38   0.038

_____ _____ _____

_____ _____

LCE
121–123

④ Completa los espacios en blanco con <, > o =.

a. $15 * \frac{2}{3}$ _____ 15

b. $15 * \frac{12}{6}$ _____ 15

c. $15 * \frac{18}{18}$ _____ 15

LCE
197–198

⑤ **Escritura/Razonamiento** Explica cómo resolviste el Problema 4c.

_____

_____

_____

_____

LCE
197–198

Hallar el volumen de la Torre Willis

1 ¿Cuál es el volumen aproximado de la Torre Willis?

Alrededor de _____ pies cúbicos

LCE
18–21,
233–234

2 Describe la estrategia que usó tu grupo para estimar el volumen de la Torre Willis. Explica tu estrategia lo más claramente posible.

_____

_____

_____

_____

_____

_____

_____

_____

_____

_____

3 ¿Piensas que tu grupo podría haber usado una estrategia más eficaz? Explica al menos una estrategia más eficaz.

_____

_____

_____

_____

_____

_____

_____

_____

Cajas matemáticas

1 Emmy compró un libro en oferta a $12.50. El precio normal del libro era $16.99. ¿Cuánto dinero ahorró?

Respuesta: $_____   **LCE** 131–132

2 ¿Cuánto es $\frac{11}{15}$ de 75?

Respuesta: _____   **LCE** 196

3 Orly tenía $\frac{3}{4}$ de galones de pintura. Derramó la mitad de la pintura en el piso. ¿Cuánta pintura derramó?

_____
(modelo numérico)

Respuesta: _____ de galón   **LCE** 195, 201–203

4 Resuelve.

a. $\frac{5}{6} - \frac{2}{3} =$ _____

b. $1\frac{3}{8} - \frac{3}{4} =$ _____

LCE 177, 189–190, 192

5 Escribe 471.32 en forma desarrollada y luego en palabras.

Forma desarrollada:

_____

_____

Palabras:

_____

_____

LCE 117–118

6 Resuelve.

a. $8.4 * 10^1 =$ _____

b. $0.84 * 10^5 =$ _____

c. $84 * 10^2 =$ _____

d. $8.4 * 10^3 =$ _____

LCE 133

Cajas matemáticas

Calibrar una botella

LCE
236, 238

Materiales
- ☐ botella de 2 litros con el cuello cortado.
- ☐ cubeta o recipiente con 2 litros de agua
- ☐ taza de medir marcada en mililitros
- ☐ regla   ☐ tijeras
- ☐ papel   ☐ cinta adhesiva

1. Llena la botella con 5 pulgadas de agua.
   (Un poco más de la mitad).

2. Corta una tira de papel de 1 pulgada por 6 pulgadas.
   Adhiere la cinta a la parte externa de la botella,
   con un extremo en el borde superior y el otro
   debajo del nivel del agua.

3. Marca la tira de papel al nivel del agua. Escribe "0 mL"
   junto a la marca.

4. Usa la taza de medir para verter exactamente 100 mL
   de agua en la botella. Marca la tira de papel al nuevo
   nivel del agua. Escribe "100 mL" junto a la marca.

5. Vierte 100 mL más de agua en la botella. Marca el nuevo nivel del agua y rotula la marca
   "200 mL".

6. Continúa agregando 100 mL de agua por vez hasta que el agua esté a menos de 1 pulgada
   del borde superior de la botella. Marca y rotula cada nuevo nivel del agua.

7. Vacía la botella hasta que el nivel del agua esté nuevamente en la marca de 0 mL.

Agrega 100 mL
de agua por vez.

700 mL
600 mL
500 mL
400 mL
300 mL
200 mL
100 mL
0 mL

9"

5"

La botella calibrada es una herramienta para medir el volumen.

¿Cómo piensas que se puede usar esta herramienta para hallar el volumen de la naranja del mensaje
matemático? *Pista:* ¿Qué pasaría si pusieras la naranja en la botella?

_____

_____

_____

Anota el volumen de la naranja. _____ mL

Medir el volumen por desplazamiento

1 Usa el método del desplazamiento para hallar el volumen en mililitros de 1, 2 y 3 planos de base 10. Anota los volúmenes en la columna del volumen (mL) de la siguiente tabla.

2 Halla el volumen en centímetros cúbicos (cm³) de 1, 2 y 3 planos de base 10. Anota los volúmenes en la columna del volumen (cm³) de la siguiente tabla.

Recuerda: El volumen de un cubo de un centímetro es 1 cm³.

Cantidad de planos de base 10	Volumen (mL)	Volumen (cm³)
1		
2		
3		

3 Mira la tabla. ¿Qué observas?

_____

4 Usa tu observación del Problema 3 para completar el espacio en blanco = _____ cm³

5 Usa la botella calibrada para medir el volumen de los 3 objetos más grandes de tu rincón de trabajo. Anota los volúmenes en mililitros y en centímetros cúbicos en la siguiente tabla.

Objeto	Volumen (mL)	Volumen (cm³)

6 En tu rincón de trabajo hay varios objetos pequeños idénticos. Usa el método de desplazamiento para calcular el volumen de uno de estos objetos. ¿Qué observas?

_____

_____

7 ¿Obtienes una medida precisa al desplazar 1 objeto? Explica. _____

_____

8 Prueba esta estrategia para hallar una medida más precisa del volumen.

a. Coloca todos los objetos idénticos en la botella.
¿Cuál es el volumen de todos los objetos?

_____ mL o _____ cm³

b. ¿Cuántos objetos colocaste en la botella? _____

c. Divide tu respuesta a la Parte a por tu respuesta a la Parte b para estimar el volumen de un solo objeto. _____ mL o _____ cm³

Cajas matemáticas

1 Colorea un rectángulo para representar $\frac{7}{8} * \frac{3}{4}$.

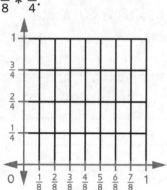

¿Cuánto es $\frac{7}{8} * \frac{3}{4}$? _____

LCE
202

2 Resuelve.

$3 \div \frac{1}{8} =$ _____

LCE
209

3 Rellena los círculos junto a la(s) oración(es) numérica(s) verdadera(s)

- ○ **A.** 7.4 > 0.74 > 0.074
- ○ **B.** 1.23 < 123 < 12.3
- ○ **C.** 0.518 < 5.18 < 51.8
- ○ **D.** 91.52 > 915.2 > 9,152

LCE
121–123

4 Completa los espacios en blanco con >, < o =.

a. $\frac{5}{7}$ _____ $\frac{5}{7} * \frac{6}{6}$

b. $\frac{5}{7}$ _____ $\frac{5}{7} * \frac{4}{3}$

c. $\frac{5}{7}$ _____ $\frac{5}{7} * \frac{6}{7}$

LCE
197–198

5 **Escritura/Razonamiento** Escribe una historia de números que se pueda representar con la oración numérica del Problema 2.

_____

_____

_____

_____

_____

LCE
209–210

Estimar productos decimales y cocientes

Los dígitos de la columna de respuesta son correctos, pero les falta un punto decimal. En cada problema, escribe una oración numérica para estimar el producto o cociente. Usa tu estimación para colocar un punto decimal en los dígitos provistos. Se da un ejemplo.

LCE 128

Problema	Oración numérica de estimación	Respuesta (coloca el punto decimal)
Ejemplo: 12.2 * 1.9	$10 * 2 = 20$	2 3.1 8
① 17.4 * 97.5		1 6 9 6 5
② 83.12 * 7.25		6 0 2 6 2
③ 0.36 * 325.5		1 1 7 1 8
④ 4.85 * 0.6		2 9 1
⑤ 1.8 * 27.3		4 9 1 4
⑥ 95.76 ÷ 7.6		1 2 6
⑦ 515.87 ÷ 65.3		7 9
⑧ 2.76 ÷ 3.68		0 7 5
⑨ 101.8 ÷ 0.8		1 2 7 2 5
⑩ 1,390.72 ÷ 21.73		6 4 0 0

Inténtalo

⑪ Cuatro familias organizaron una venta de garaje y se dividieron las ganancias en partes iguales. Ganaron un total de $1,256.60. Encierra en un círculo el modelo numérico que representa la cantidad correcta de dinero que ganó cada familia.

a. $1,256.60 ÷ 4 = $31.41

b. $1,256.60 ÷ 4 = $314.15

c. $1,256.60 ÷ 4 = $3,141.50

d. $1,256.60 ÷ 4 = $3.14

⑫ ¿Cómo usaste la estimación para pensar el Problema 11?

_____

_____

Cajas matemáticas

1 La estatura promedio de los hombres en Estados Unidos es de 69.3 pulg. La estatura promedio de las mujeres en Estados Unidos es de 63.8 pulg. ¿Cuánto más alto es el hombre promedio que la mujer promedio?

_____
(modelo numérico)

Respuesta: _____ pulgadas

LCE
44,
131–132

2 ¿Cuánto es $\frac{11}{12}$ de 6?

Respuesta: _____

LCE
196

3 Una biblioteca gastó $\frac{5}{8}$ de su presupuesto en libros nuevos. Separaron $\frac{1}{12}$ de ese dinero para comprar novelas para jóvenes. ¿Qué parte del presupuesto se usó para comprar estas novelas?

_____
(modelo numérico)

Respuesta: _____ del presupuesto

LCE
195,
201–203

4 Resuelve.

a. $3\frac{1}{4} - 1\frac{5}{6} =$ _____

b. $\frac{6}{7} - \frac{5}{9} =$ _____

LCE
177, 189–
190, 192

5 **a.** Escribe el decimal 1,072.039 en forma desarrollada.

_____

_____

_____

b. Escribe el decimal 1,072.039 en palabras.

_____

_____

LCE
117–118

6 Resuelve.

a. $0.025 * 10^3 =$ _____

b. $10^5 * 0.25 =$ _____

c. $2.5 * 10^2 =$ _____

d. $0.025 * 10^1 =$ _____

LCE
133

Multiplicar decimales: Estrategia de estimación

Mensaje matemático

LCE
100, 102,
128, 134

Tori tiene 8 bloques. Cada bloque mide 1.2 centímetros de altura.
Si Tori apila los bloques, ¿cuál será la altura de la pila?

_____ cm

Resuelve los Problemas 1 a 3 con el siguiente método:

Paso 1: Haz una estimación.
Paso 2: Multiplica como si los factores fueran números enteros.
Paso 3: Usa tu estimación para colocar el punto decimal en el producto.

1 $76.1 * 9.6 = ?$

Estimación: _____

Respuesta: _____

---

2 $189.6 * 1.75 = ?$

Estimación: _____

Respuesta: _____

---

3 $5.6 * 0.8 = ?$

Estimación: _____

Respuesta: _____

Multiplicar decimales: Desplazar el punto decimal

Resuelve los Problemas 1 a 3 con el siguiente método:

Paso 1: Multiplica ambos factores por una potencia de 10 para convertirlos en números enteros.

Paso 2: Multiplica los números enteros.

Paso 3: Descompón la multiplicación por potencias de 10 dividiendo el producto por las mismas potencias de 10.

 76.1 * 9.6 = ?

a. 76.1 * 10$^{\square}$ = _____   9.6 * 10$^{\square}$ = _____

b. Respuesta al problema del número entero: _____

c. Respuesta al problema del decimal: 76.1 * 9.6 = _____

 189.6 * 1.75 = ?

a. 189.6 * 10$^{\square}$ = _____   1.75 * 10$^{\square}$ = _____

b. Respuesta al problema del número entero: _____

c. Respuesta al problema del decimal: 189.6 * 1.75 = _____

 5.6 * 0.8 = ?

a. 5.6 * 10$^{\square}$ = _____   0.8 * 10$^{\square}$ = _____

b. Respuesta al problema del número entero: _____

c. Respuesta al problema del decimal: 5.6 * 0.8 = _____

Cajas matemáticas

① Estima el cociente de cada problema. Luego, encierra en un círculo la respuesta más razonable.

a. $83.7 \div 3 = ?$

    2.79   27.9   279.0

b. $13.56 \div 0.8 = ?$

    1.695   16.95   169.5

LCE 128

② Resuelve. Usa el modelo de área como ayuda.

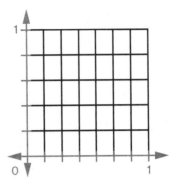

$\frac{3}{5} * \frac{5}{7} =$ _____

LCE 202

③ Una anaconda verde puede llegar a medir 8.8 metros de largo. Una serpiente de coral puede llegar a medir 0.76 metros de largo. ¿Cuánto más puede medir una anaconda verde que una serpiente de coral?

_____
(modelo numérico)

Respuesta: _____ metros más

LCE 44, 131–132

④ Resuelve.

$\frac{1}{4} \div 4 = ?$

Respuesta: _____

LCE 207

⑤ Escritura/Razonamiento Escribe una historia de números que se pueda representar con el Problema 4.

_____

_____

_____

_____

LCE 207

Cajas matemáticas

¿Qué respuesta tiene sentido?

En cada conjunto de problemas, encierra en un círculo la oración numérica que tenga el producto correcto. No calcules la respuesta exacta. Explica cómo sabías cuál de los productos era correcto sin hallar la respuesta exacta.

1   0.5 * 410 = 810

0.5 * 410 = 205

0.5 * 410 = 2,050

2   1 * 410 = 410

1 * 410 = 4,130

1 * 410 = 41

3.   2.5 * 410 = 750

2.5 * 410 = 330

2.5 * 410 = 1,025

Cajas matemáticas

1 Halla el área del siguiente rectángulo.

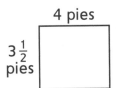

4 pies

$3\frac{1}{2}$ pies

Área = _____ pies²

LCE 225

2 Traza líneas para unir los números mixtos y las fracciones equivalentes.

Número mixto	Fracción
$5\frac{3}{8}$	$\frac{20}{8}$
$1\frac{7}{8}$	$\frac{15}{8}$
$2\frac{4}{8}$	$\frac{43}{8}$
$7\frac{1}{8}$	$\frac{55}{8}$
$6\frac{7}{8}$	$\frac{57}{8}$

LCE 171-172

3 La siguiente imagen es un trapecio. Nombra 3 atributos del trapecio.

_____

_____

_____

LCE 268

4 Completa los espacios en blanco para cada patrón.

a. 5, 14, 23, _____,

_____, _____

b. 12, 72, _____, 192,

_____, _____

c. _____, 21.50, 23.00,

_____, _____

LCE 51

5 Completa la tabla de "¿Cuál es mi regla?" y enuncia la regla.

entrada

Regla

salida

entrada	salida
3	15
8	
$\frac{1}{2}$	
	50
4	20

LCE 53-54

6 Vuelve a escribir cada número entero en forma de fracción con el denominador dado.

a. $3 = \dfrac{\boxed{}}{6}$

b. $5 = \dfrac{\boxed{}}{4}$

c. $12 = \dfrac{\boxed{}}{5}$

LCE 171

Dividir decimales

En los Problemas 1 y 2:

- Escribe un modelo numérico.

- Haz una estimación. Escribe una oración numérica para registrar tu estimación.

- Divide como si el dividendo fuera un número entero. Si hay un residuo, escríbelo en forma de fracción y úsala para redondear el cociente al número entero más cercano.

- Usa tu estimación para colocar el punto decimal. Anota tu respuesta.

LCE
44, 128,
137–139

1 Tres hermanas armaron un puesto de limonada. El miércoles ganaron $8.46. Si se reparten el dinero en cantidades iguales, ¿cuánto recibe cada una?

Modelo numérico:_____

Estimación: _____

2 Janine está construyendo un estante. Tiene una tabla de 6.77 metros de largo. Quiere cortarla en 5 trozos del mismo tamaño. ¿Cuál será el largo de cada trozo?

Modelo numérico: _____

Estimación: _____

Respuesta: Cada hermana recibe

_____.

Respuesta: Cada trozo medirá alrededor

de _____ metros de largo.

Dividir decimales (continuación)

LCE
128,
137–139

En los Problemas 3 a 6:

- Haz una estimación. Escribe una oración numérica para registrar tu estimación.

- Divide como si el dividendo fuera un número entero. Muestra tu trabajo en la cuadrícula de cómputo. Si hay un residuo, escríbelo en forma de fracción y úsala para redondear el cociente al número entero más cercano.

- Usa tu estimación para colocar el punto decimal. Anota tu respuesta.

3 9.44 / 4 = ?

Estimación: _____

9.44 / 4 = _____

4 46.8 ÷ 12 = ?

Estimación: _____

46.8 ÷ 12 = _____

5 89.9 ÷ 4 = ?

Estimación: _____

89.9 ÷ 4 ≈ _____

6 253.7 / 6 = ?

Estimación: _____

253.7 / 6 ≈ _____

Cajas matemáticas

1 Antonio estaba practicando salto en largo para gimnasia. Saltó 8 veces y escribió las siguientes medidas en pulgadas: $37\frac{1}{2}$, $36\frac{1}{2}$, 37, $36\frac{1}{2}$, 38, $38\frac{1}{2}$, $36\frac{1}{2}$, 37. Usa los datos para completar el diagrama de puntos.

¿Cuál es la diferencia entre el salto más largo y el salto más corto de Antonio?

_____ pulgadas

Saltos en largo de Antonio

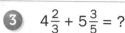

36   $36\frac{1}{2}$ 37 $37\frac{1}{2}$ 38 $38\frac{1}{2}$

Pulgadas

LCE 188 244–245, 247

---

2 Escribe el exponente que falta para que la oración numérica sea verdadera.

a. $7.2 \times 10^{\square} = 72{,}000$

b. $15.3 \times 10^{\square} = 1{,}530$

c. $0.84 \times 10^{\square} = 8.4$

LCE 133

3 $4\frac{2}{3} + 5\frac{3}{5} = ?$

Encierra en un círculo TODAS las respuestas correctas.

A. $9\frac{5}{8}$ **B.** $9\frac{19}{15}$

C. $9\frac{4}{15}$ **D.** $10\frac{4}{15}$

LCE 191

---

4 En la siguiente tabla, Clara está anotando la distancia total que debe correr en la práctica de pista. Representa los datos en la gráfica, conecta los puntos con una línea y responde la pregunta.

Día (x)	Millas totales (y)
1	3
2	6
3	9
4	12

Si los patrones de la tabla continúan, ¿qué día correrá Clara su 18ª milla?

_____

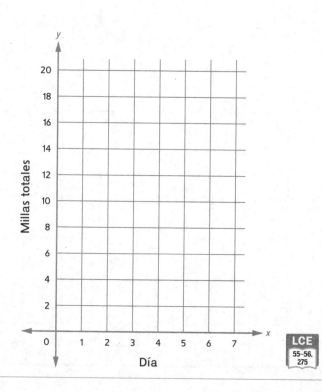

LCE 55–56, 275

Dividir por decimales

En los Problemas 1 y 2:

- Escribe un problema de división equivalente que tenga un número entero como divisor. Asegúrate de multiplicar el dividendo y el divisor por el mismo número.

- Haz una estimación para el problema equivalente.

- Divide como si el dividendo fuera un número entero para resolver el problema equivalente.

- Usa tu estimación para colocar el punto decimal.

- Completa las oraciones numéricas para mostrar las respuestas al problema equivalente y al original.

1 $2.79 \div 0.9 = ?$

Problema equivalente:

_____

Estimación:

_____

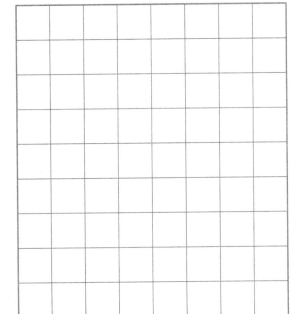

Problema equivalente con la respuesta:

_____ ÷ _____ = _____

$2.79 \div 0.9 =$ _____

2 $85.4 \div 0.14 = ?$

Problema equivalente:

_____

Estimación:

_____

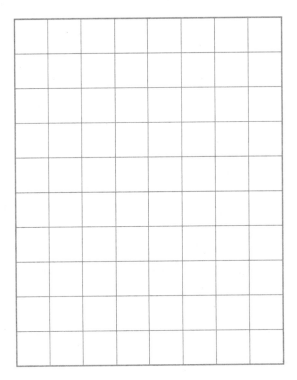

Problema equivalente con la respuesta:

_____ ÷ _____ = _____

$85.4 \div 0.14 =$ _____

227

Cajas matemáticas

1 Estima el cociente en cada problema. Luego, encierra en un círculo la respuesta más razonable.

a. 30.6 ÷ 9 = ?

    3.4   34.0   0.340

b. 506.9 * 1.2 = ?

    60.828   608.28   6,082.8

c. 954.16 ÷ 238.54 = ?

    40   4   0.4

LCE 128, 138–139

2 Resuelve. Usa el modelo de área como ayuda.

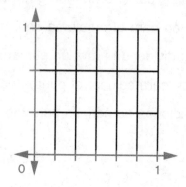

$\frac{2}{3} * \frac{5}{6} =$ _____

LCE 202

3 Eloise gastó $79.84 en comestibles. ¿Cuál fue su vuelto si pagó con un billete de $100?

_____
(modelo numérico)

Respuesta: $_____

LCE 44, 131–132

4 Resuelve.

$\frac{1}{3} ÷ 9 = ?$

Respuesta: _____

LCE 207

5 **Escritura/Razonamiento** Explica cómo estimaste y escogiste una respuesta razonable en el Problema 1b.

_____

_____

_____

_____

LCE 128, 138–139

Cajas matemáticas

1 Los datos de la tabla muestran cuántos zapatos de mujer de cada talle se vendieron en una tienda en un día. Usa los datos para hacer un diagrama de puntos. Luego, responde las preguntas.

Talles vendidos	
5	///
$5\frac{1}{2}$	//
6	////
$6\frac{1}{2}$	
7	///// /
$7\frac{1}{2}$	///// //
8	///// //
$8\frac{1}{2}$	////
9	//

Zapatos vendidos

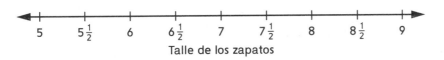

Talle de los zapatos

¿Qué talle de zapatos no se vendió ese día? _____

¿Qué talle(s) se vendió(vendieron) con más frecuencia ese día? _____

LCE
244–245, 247

2 Escribe el exponente para que la oración numérica sea verdadera.

a. $3{,}700 \div 10^{\boxed{}} = 37$

b. $67{,}536 \div 10^{\boxed{}} = 6.7536$

c. $712 \div 10^{\boxed{}} = 0.712$

LCE
136

3 $9\frac{3}{5} - 8\frac{6}{7} = ?$

Escoge la mejor respuesta.

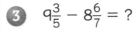 $\frac{26}{35}$ ⬭ $1\frac{9}{35}$

⬭ $1\frac{26}{35}$ ⬭ $\frac{9}{35}$

LCE
192–193

4 Darian tiene $20 para pagar el viaje en autobús. Registra sus gastos en la tabla. Representa los datos de la tabla en la gráfica, conecta los puntos con una línea y responde la pregunta.

Cantidad de viajes en autobús	Dinero restante ($)
0	20
1	18
2	16
3	14

Cantidad de viajes en autobús

¿Cuántos viajes en autobús podrá hacer Darian con $20? _____

LCE
55–56, 275

Estima tu tiempo de reacción

Se necesitan dos personas para llevar a cabo este experimento.
El examinador sostiene el medidor por la parte superior. El participante
se prepara para atrapar el medidor colocando sus dedos pulgar e
índice debajo del medidor *sin llegar a tocarlo. (Ver el diagrama).*

Cuando el participante está listo, el examinador suelta el medidor.
El participante lo atrapa lo más rápido posible con el pulgar y el índice.

El número atrapado por el participante muestra el tiempo de reacción
de la persona a la centésima de segundo más cercana. El participante
anota luego ese tiempo de reacción en la siguiente tabla de datos.

Los compañeros deben turnarse en el rol de examinador y participante.
Cada uno debe realizar el experimento 10 veces con la mano derecha.

Examinador
(sostiene el medidor)

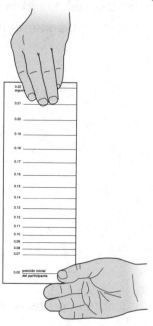

Participante
(no llega a tocar
el medidor)

Tiempo de reacción de la mano derecha (en segundos)				
1.	2.	3.	4.	5.
6.	7.	8.	9.	10.

1 Escribe tus tiempos de reacción en orden, de más rápido a más lento.

_____ _____ _____ _____ _____ _____ _____ _____ _____ _____

(más rápido)   (más lento)

2 ¿Cuál es la diferencia entre tu tiempo más rápido y tu tiempo más lento? _____
segundos

Estimar tus tiempos de reacción (continuación)

Usa los resultados de tu experimento con el medidor para responder las siguientes preguntas. *Recuerda*: "s" es la abreviatura de segundos.

LCE
130, 137,
247-248

3 ¿Qué tiempo apareció más seguido en tus resultados? _____ s

4 Mira tus tiempos en orden, de más rápido a más lento. ¿Qué tiempo hay en el medio?

Pista: Es posible que tu tiempo promedio esté entre dos de los tres tiempos que escribiste.

_____

5 Tu clase escogió una estrategia para identificar el tiempo de reacción típico de cada persona.

a. ¿Qué estrategia escogió tu clase? _____

b. ¿Por qué escogieron esta estrategia?

_____

_____

c. Halla tu tiempo promedio de reacción con la mano derecha usando la estrategia escogida. Muestra tu trabajo.

Tu tiempo promedio de reacción: _____ s

6 ¿Cuánto tardará un apretón de manos en recorrer toda tu clase? Usa los datos del diagrama de puntos del tiempo promedio de reacción como ayuda para predecir el tiempo de reacción total de tu clase. Escribe una expresión para representar la predicción, con símbolos de agrupación si es necesario. Evalúa tu expresión para resolver.

Expresión: _____

Tiempo estimado de reacción de la clase: _____ s

Cajas matemáticas

1 ¿Cuál es el área del rectángulo?

$2\frac{1}{3}$ pies

3 pies

Área: _____ pies²

LCE
225

2 Escribe cada fracción en forma de número mixto.

a. $\frac{53}{12} =$ _____

b. $\frac{64}{7} =$ _____

c. $\frac{47}{6} =$ _____

LCE
171–172

3 **a.** Nombra un atributo que compartan un cuadrado y un rombo.

_____

_____

b. Nombra un atributo de un cuadrado que un rombo no posea.

_____

_____

LCE
268

4 Escribe los dos números siguientes en cada patrón.

a. 112, 56, 28, _____, _____

b. $\frac{1}{7}$, $\frac{3}{7}$, $\frac{5}{7}$, _____, _____

c. $\frac{6}{4}$, $\frac{12}{4}$, $\frac{24}{4}$, _____, _____

LCE
51

5 Completa la tabla de "¿Cuál es mi regla?" y escribe la regla.

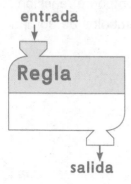

entrada

Regla

salida

entrada	salida
48	
40	5
1	
	3
16	2

LCE
53–54

6 Escribe cada número entero en forma de fracción con el numerador dado.

a. $6 = \frac{}{7}$

b. $8 = \frac{}{8}$

c. $3 = \frac{}{13}$

LCE
171

Multiplicar números mixtos

En los problemas 1 a 3:

- Usa el rectángulo para hacer un modelo de área. Rotula los lados.

- Halla y enumera los productos parciales. Rotula los productos parciales en el modelo de área.

- Suma los productos parciales para hallar tu respuesta. Tal vez debas volver a nombrar las fracciones con un común denominador.

 $3\frac{1}{8} * 4 = ?$

Productos parciales:

Modelo de área:

$3\frac{1}{8} * 4 = $ _____

 $2\frac{3}{5} * \frac{1}{4} = ?$

Productos parciales:

Modelo de área:

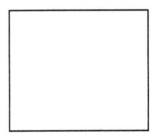

$2\frac{3}{5} * \frac{1}{4} = $ _____

 $4\frac{1}{6} * 1\frac{2}{3} = ?$

Productos parciales:

Modelo de área:

$4\frac{1}{6} * 1\frac{2}{3} = $ _____

Escribe un modelo numérico con una letra para la incógnita en los problemas 4 y 5. Luego, resuelve. Muestra todo tu trabajo. Recuerda incluir las unidades en tu respuesta.

4. Vikram está haciendo un pan que lleva $3\frac{3}{4}$ tazas de harina. Si hace solo $\frac{1}{4}$ de la receta, ¿cuánta harina necesitará?

Modelo numérico: _____

Respuesta: _____

5. Gina está limpiando su armario y quiere saber cuánto espacio tiene en el piso. El piso de su armario es un rectángulo de $3\frac{1}{2}$ pies por $4\frac{1}{3}$ pies. ¿Cuál es el área del piso de su armario?

Modelo numérico: _____

Respuesta: _____

6. Escribe una historia de números que se pueda resolver multiplicando $1\frac{4}{5} * 6$. Luego, resuelve.

Historia de números: _____

_____

_____

Respuesta: _____

Diagrama de puntos de un sendero

El Centro Natural Meadowbrook tiene 12 senderos. Debajo se muestra la longitud de cada uno en millas.

$1\frac{3}{4}$ $1\frac{1}{4}$ $2\frac{1}{4}$ 2 $2\frac{1}{2}$ $1\frac{1}{2}$ $2\frac{1}{4}$ $1\frac{1}{2}$ 3   2 $2\frac{1}{2}$ $2\frac{1}{2}$

1 Completa el diagrama de puntos para representar los datos.

Longitud de los senderos

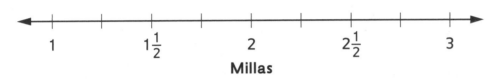

Millas

Usa el diagrama de puntos para responder estas preguntas.

2 Leslie planificó un viaje familiar de senderismo al Centro Natural Meadowbrook. El primer día, su familia caminó por todos los senderos de menos de 2 millas de largo. ¿Cuántas millas caminó la familia de Leslie?

_____ millas

Modelo numérico: _____

3 El segundo día, Leslie caminó por el sendero más largo y su hermano menor, por el más corto. ¿Cuántas millas más que su hermano caminó Leslie?

Leslie caminó _____ millas más que su hermano.

Modelo numérico: _____

4 El tercer día, el padre de Leslie se propuso caminar por todos los senderos de más de 2 millas de largo.

¿Por cuántos senderos caminó el padre de Leslie?

por _____ senderos

¿Qué distancia caminó?

El padre de Leslie caminó _____ millas

Modelo numérico: _____

Cajas matemáticas

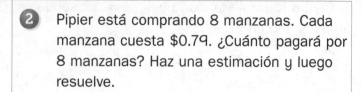
1 Escribe el exponente que haga que cada oración numérica sea verdadera.

a. $7.54 * 10^{\square} = 7{,}540$

b. $93.08 * 10^{\square} = 930.8$

c. $0.19 * 10^{\square} = 1{,}900$

LCE
133

2 Pipier está comprando 8 manzanas. Cada manzana cuesta $0.79. ¿Cuánto pagará por 8 manzanas? Haz una estimación y luego resuelve.

_____
(estimación)

Respuesta: $_____

LCE
128, 134

3 Allen tiene 3 peras. Cada pera está cortada en doceavos. ¿Cuántas rodajas de pera hay?

_____
(modelo numérico)

Respuesta: _____ rodajas

LCE
209-210

4 Resuelve.

a. $10.95 + 9.028 =$ _____

b. $505.38 - 299.41 =$ _____

LCE
130-132

5 **Escritura/Razonamiento** Explica la ubicación del punto decimal en el producto del Problema 1a.

_____

_____

_____

LCE
133

236

Volver a dar nombre a números mixtos y fracciones

Mensaje matemático

LCE
171-173

Las fracciones mayores que 1 se pueden escribir de varias maneras.

Ejemplo:

Si es mayor que 1, ¿cuánto vale ?

El nombre de un número mixto es $3\frac{5}{6}$. $3\frac{5}{6}$ significa $3 + \frac{5}{6}$.

El nombre de una fracción es $\frac{23}{6}$. Piensa en los *sextos:*

Escribe los siguientes números mixtos en forma de fracciones. Usa tus piezas de círculos de fracciones o el cartel de las rectas numéricas de fracciones como ayuda.

1 $1\frac{2}{3} =$ _____

2 $2\frac{3}{5} =$ _____

3 $5\frac{3}{4} =$ _____

4 $6\frac{1}{5} =$ _____

5 $4\frac{7}{8} =$ _____

6 $3\frac{6}{4} =$ _____

Escribe las siguientes fracciones en forma de números mixtos con el mayor número entero posible. Usa tus piezas de círculos de fracciones o el cartel de las rectas numéricas de fracciones como ayuda.

7 $\frac{7}{3} =$ _____

8 $\frac{2}{1} =$ _____

9 $\frac{18}{4} =$ _____

10 $\frac{9}{3} =$ _____

11 $\frac{22}{5} =$ _____

12 $\frac{16}{8} =$ _____

Resolver problemas de multiplicación de números mixtos

Convierte los números mixtos en fracciones en los problemas 1 y 2. Vuelve a escribir el problema usando las fracciones como factores. Luego, usa un algoritmo de multiplicación para resolver. **LCE** **206**

1 $2\frac{3}{5} * \frac{1}{2} = ?$

2 $1\frac{3}{4} * 3\frac{1}{3} = ?$

$2\frac{3}{5} * \frac{1}{2} = $ _____

$1\frac{3}{4} * 3\frac{1}{3} = $ _____

Escribe un modelo numérico con una letra para la incógnita en los problemas 3 a 5.
Luego, resuelve usando un algoritmo de multiplicación de fracciones. Muestra tu trabajo.

3 ¿Cuál es el área de la hoja de cuaderno?

_____
(modelo numérico)

$10\frac{1}{2}''$

$8''$

4 ¿Cuál es el área de la bandera?

_____
(modelo numérico)

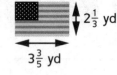

$2\frac{1}{3}$ yd

$3\frac{3}{5}$ yd

Respuesta: _____ pulg.²

Respuesta: _____ yd²

5 Aaron ganó $9 haciendo tareas domésticas. Dara ganó $2\frac{1}{2}$ veces esa cantidad. ¿Cuánto dinero ganó Dara?

_____
(modelo numérico)

Dara ganó $_____.

6 Escribe una historia de números que se pueda resolver multiplicando $1\frac{1}{2}$ por $4\frac{1}{4}$. Luego, resuelve el problema.

Historia de números: _____

_____

_____

Respuesta: _____

Cajas matemáticas

1 Marca 4 puntos en la cuadrícula para formar las 4 esquinas de un rectángulo. Conecta los puntos. Haz una lista con las coordenadas de los 4 puntos a continuación.

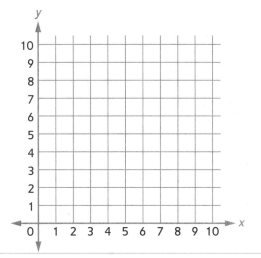

(____, ____)   (____, ____)

(____, ____)   (____, ____)

¿A cuántas unidades desde el eje de las x está la base de tu rectángulo?

A _____ unidades

LCE
275

2 Resuelve. Muestra tu trabajo.

$2\frac{3}{5} + 7\frac{1}{4} = ?$

Respuesta: _____

LCE
177, 191

3 Opal tenía $\frac{3}{4}$ de una botella de leche. La mitad de la leche se derramó. ¿Cuánta leche se derramó?

_____

(modelo numérico)

Respuesta: _____ de botella

LCE
201, 203

4 Oscar tiene 6.5 bolsas de tierra fértil. Cada bolsa contiene 0.75 pies cúbicos de tierra. ¿Cuántos pies cúbicos de tierra tiene Oscar?

_____

(estimación)

Respuesta: _____ pies cúbicos

LCE
128, 134

5 Resuelve.

a. $\frac{1}{7} \div 4 =$ _____

b. $5 \div \frac{1}{10} =$ _____

LCE
207-210

Cajas matemáticas

239

Problemas de área

Mensaje matemático

1. Halla el área del rectángulo.
Presenta tu respuesta en pies cuadrados.

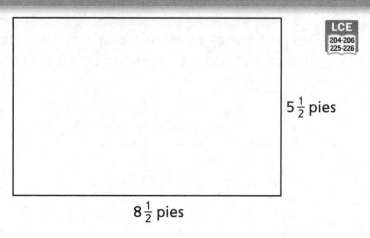

$5\frac{1}{2}$ pies

$8\frac{1}{2}$ pies

Área = _____

Resuelve los problemas 2 a 6 con el método que desees. Muestra tu trabajo.
Escribe un modelo numérico para resumir cada solución.

2. Una típica hoja de papel para impresoras generalmente mide en Estados Unidos $8\frac{1}{2}$ pulgadas por 11 pulgadas.

   Espacio de trabajo:

   a. ¿Cuál es el área de esa hoja? _____

      Modelo numérico: _____

   b. Kim hace un diseño que cubre $\frac{1}{4}$ de pulgada cuadrada.
   ¿Cuántas veces deberá repetir su diseño para cubrir una hoja

   de papel entera? _____

      Modelo numérico: _____

3. Emerson está ayudando a sus padres a comprar baldosas para el piso del baño. El área de su baño es de 20 pies cuadrados. Están usando baldosas de $\frac{1}{3}$ de pie por $\frac{1}{3}$ de pie.

   a. ¿Cuántas baldosas se necesitan para cubrir 1 pie cuadrado?

      _____

   b. ¿Qué fracción de un pie cuadrado es 1 baldosa? _____

   c. ¿Cuántas baldosas se necesitan para cubrir todo el piso?

      Modelo numérico: _____

Área de trabajo:

4 Francisco y su tía están haciendo una colcha. La colcha terminada medirá 6 pies por $7\frac{1}{2}$ pies. Están usando cuadrados de tela de $\frac{1}{4}$ de pie por $\frac{1}{4}$ de pie.

    a. ¿Cuántos cuadrados de tela cabrán a lo largo del lado de 6 pies?

    _____

    b. ¿Cuántos cuadrados de tela cabrán a lo largo del lado de 7 y $\frac{1}{2}$ pies?

    _____

    c. ¿Cuántos cuadrados de tela necesitarán Francisco

    y su tía para hacer toda la colcha? _____

    Modelo numérico: _____

    d. ¿Cuál será el área de la colcha? _____

    Modelo numérico: _____

5 Marguerite tiene un pedazo de tela a cuadros como la que se muestra. Midió un cuadrado y halló que medía $\frac{1}{2}$ pulgada por $\frac{1}{2}$ pulgada. El pedazo de tela tiene 15 filas de 20 cuadrados.

    a. ¿Cuántos cuadrados cubren todo

    el pedazo de tela? _____

    Modelo numérico: _____

    b. ¿Cuáles son las dimensiones del pedazo

    de tela? _____

    c. ¿Cuál es el área de la tela? _____

    Modelo numérico: _____

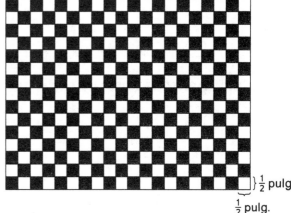

$\left.\right\}\frac{1}{2}$ pulg.

$\frac{1}{2}$ pulg.

Cajas matemáticas

---

1 Escribe el exponente que hace que cada oración numérica sea verdadera.

a. $12.7 \div 10^{\square} = 0.127$

b. $2.56 \div 10^{\square} = 0.0256$

c. $107.3 \div 10^{\square} = 0.01073$

LCE
136

---

2 Frida compró una bolsa de 30 naranjas clementinas a $6.00. ¿Cuánto dinero pagó por cada naranja? Muestra tu trabajo.

_____
(modelo numérico)

Respuesta: $ _____

LCE
44, 137

---

3 Max tiene 4 recipientes de pegamento. Usa alrededor de $\frac{1}{6}$ de recipiente para armar 1 estatuilla de robot. ¿Cuántas estatuillas puede armar con el pegamento que tiene?

_____
(modelo numérico)

Respuesta:

_____ estatuillas de robots

LCE
209-210

---

4 Resuelve.

a. $10.87 + 589.24 =$ _____

b. $38.2 - 6.017 =$ _____

LCE
130-132

---

5 **Escritura/Razonamiento** Haz un dibujo que muestre cómo resolviste el Problema 3.

LCE
209

Usar denominadores comunes para dividir

Mensaje matemático

Usa tus piezas de círculos de fracciones para resolver $4 \div \frac{1}{3}$. Traza líneas en los siguientes círculos para mostrar cómo lo resolviste.

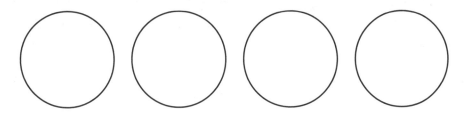

$4 \div \frac{1}{3} =$ _____

Usar denominadores comunes para dividir

Una manera de dividir fracciones es usar denominadores comunes. Este método se puede usar para dividir números enteros por fracciones, y fracciones por números enteros.

Paso 1 Vuelve a nombrar el dividendo y el divisor en forma de fracciones con un común denominador.

Paso 2 Divide los numeradores.

$$
\begin{aligned}
\text{Ejemplos:} \quad 3 \div \frac{1}{2} &= \frac{6}{2} \div \frac{1}{2} & \qquad \frac{1}{3} \div 4 &= \frac{1}{3} \div \frac{12}{3} \\
&= 6 \div 1 & &= 1 \div 12 \\
&= 6 & &= \frac{1}{12}
\end{aligned}
$$

Resuelve. Muestra tu trabajo. Usa la multiplicación para verificar tus respuestas.

1 $2 \div \frac{1}{5} = ?$

2 $\frac{1}{4} \div 4 = ?$

Respuesta: _____

Verificación: _____

Respuesta: _____

Verificación: _____

3 $\frac{1}{2} \div 5 = ?$

4 $4 \div \frac{1}{4} = ?$

Respuesta: _____

Verificación: _____

Respuesta: _____

Verificación: _____

Problemas de división de fracciones

Escribe un modelo numérico usando una letra para la incógnita en los problemas 1 a 4. Resuelve con la estrategia que desees. Muestra tu trabajo. Usa la multiplicación para verificar tus respuestas.

LCE
207-210

1 Chase está empaquetando harina en bolsas de $\frac{1}{2}$ libra. Tiene 8 libras de harina. ¿Cuántas bolsas puede empaquetar?

Modelo numérico: _____

Respuesta: _____ bolsas

Verificación: _____

2 Regina tiene $\frac{1}{4}$ de sandía. Si la reparte en partes iguales con dos amigas, ¿qué porción de la sandía entera recibirá cada persona?

Modelo numérico: _____

Respuesta: _____ de sandía

Verificación: _____

3 Cuatro estudiantes están corriendo una carrera de relevos de $\frac{1}{2}$ milla de largo. Cada estudiante corre la misma distancia. ¿Cuánto corre cada estudiante?

Modelo numérico: _____

Respuesta: _____ de milla

Verificación: _____

4 Un cocinero hizo 5 pizzas grandes. Si corta cada pizza en octavos, ¿cuántas porciones tendrá?

Modelo numérico: _____

Respuesta: _____ porciones

Verificación: _____

Escribe en los problemas 5 y 6 una historia de números que se pueda representar con la expresión. Luego, resuelve.

5 $3 \div \frac{1}{4}$

Historia de números: _____

_____

_____

Solución: _____

6 $\frac{1}{3} \div 4$

Historia de números: _____

_____

_____

Solución: _____

Cajas matemáticas

1 Marca 3 puntos en la gráfica para formar los 3 vértices de un triángulo. Conecta los puntos. Haz una lista con las coordenadas de los 3 puntos.

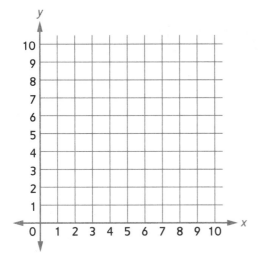

(_____, _____)

(_____, _____)

(_____, _____)

Encierra en un círculo uno de tus pares ordenados. ¿A cuántas unidades del eje de las y está el punto que encerraste?

LCE 275

A _____ unidades

---

2 Resuelve. Muestra tu trabajo.

$5\frac{3}{4} + 1\frac{2}{3} = ?$

LCE 177, 191

Respuesta: _____

---

3 Danielle gastó $\frac{2}{5}$ de su cheque en pagar cuentas. La cuenta del agua fue $\frac{1}{6}$ de lo que gastó. ¿Qué parte de su cheque usó en pagar la cuenta del agua?

_____
(modelo numérico)

LCE 201, 203

Respuesta: _____

---

4 Bill tiene un trabajo de verano en el que le pagan $9.60 por hora. ¿Cuál es su paga total por 71.5 horas de trabajo?

_____
(estimación)

LCE 128, 134

Respuesta: $_____

---

5 Resuelve.

a. $1 \div \frac{1}{11} =$ _____

b. $\frac{1}{7} \div 7 =$ _____

LCE 207-210

245

Propiedades de los triángulos

Escribe a la izquierda las categorías y subcategorías según las propiedades de los triángulos
que creaste en la clase. Usa las propiedades para clasificar tus tarjetas de triángulos.
Cuando hayas terminado, pega las tarjetas en su lugar con cinta o pegamento.

Propiedades de los triángulos   **Tarjetas de triángulos**

Propiedades de los triángulos
(continuación)

Utiliza las propiedades de los triángulos de la página 246 del diario para responder las preguntas. **LCE** 264-267

1 Nombra una categoría que aparezca en la columna de propiedades.
Luego, nombra una subcategoría de esa categoría.

a. Categoría: _____

b. Subcategoría: _____

2 **a.** Dibuja un triángulo isósceles.   **b.** Dibuja un triángulo que *no* sea un triángulo isósceles.

3 **a.** Dibuja un triángulo equilátero.   **b.** ¿Es tu triángulo equilátero también un triángulo isósceles? _____

Explica.   _____

_____

_____

_____

4 Reemplaza la categoría subrayada en cada uno de los siguientes enunciados por otra categoría que tenga las mismas propiedades, para que el nuevo enunciado también sea verdadero.

a. Todos los triángulos tienen tres lados y tres ángulos.

Todos los _____ tienen tres lados y tres ángulos.

b. Todos los triángulos isósceles tienen al menos dos lados de la misma longitud.

Todos los _____ tienen al menos dos lados de la misma longitud.

c. Todos los triángulos isósceles tienen un eje de simetría.

Todos los _____ tienen un eje de simetría.

5 Mira tus respuestas al Problema 4. Describe los patrones que veas.
Pista: Piensa en las categorías y subcategorías.

_____

_____

Cajas matemáticas

1 Halla el área del rectángulo.

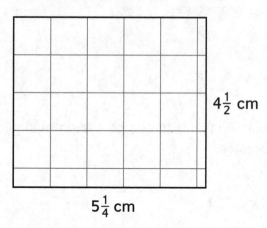

$4\frac{1}{2}$ cm

$5\frac{1}{4}$ cm

Área: _____

_____
(modelo numérico)

LCE 204-205 225

2 Resuelve.

a. $\frac{1}{7} * \frac{8}{9} =$ _____

b. $\frac{6}{11} * \frac{3}{4} =$ _____

LCE 203

 3 Haz una estimación para colocar el punto decimal. Se dan los dígitos correctos.

_____
(estimación)

$2.3 * 158.6 = 3 \quad 6 \quad 4 \quad 7 \quad 8$

LCE 128, 134

 4 Completa los espacios en blanco con <, > o =.

a. $12 * \frac{1}{3}$ _____ 12

b. $\frac{2}{3} * \frac{8}{8}$ _____ $\frac{2}{3}$

c. $1\frac{3}{8} * \frac{6}{5}$ _____ $1\frac{3}{8}$

LCE 197-198

5 **Escritura/Razonamiento** Explica cómo resolviste el Problema 2b.

_____

_____

_____

_____

LCE 203

Resolver problemas de área del tablero de avisos

Resuelve los siguientes problemas. Escribe un modelo numérico para resumir cada solución.

LCE
204-206
225-226

1 El tablero de avisos de la clase de Shain mide $3\frac{1}{4}$ pies por $4\frac{1}{2}$ pies.

   a. ¿Cuál es el área del tablero de avisos?

     Área: _____   Modelo numérico: _____

   b. Shain usará un pedazo de tela azul para cubrir el tablero. La tela mide 7 pies por $3\frac{1}{2}$ pies. ¿Cuál es el área de la tela?

     Área: _____   Modelo numérico: _____

   c. ¿Cuántos pies cuadrados de tela le quedarán a Shain tras cubrir el tablero de avisos?

     Respuesta: _____   Modelo numérico: _____

2 El tablero de avisos de la clase de Marlon mide $4\frac{1}{3}$ pies por 8 pies.

   a. ¿Cuál es el área del tablero de avisos?

     Área: _____   Modelo numérico: _____

   b. Cuando Marlon y sus compañeros terminaban de leer un libro, escribían el título en un pedazo de papel de color de $\frac{1}{3}$ de pie por $\frac{1}{3}$ de pie. Cada pedazo de papel se pegaba en el tablero de avisos, uno junto al otro, sin superponerse. Al final del año escolar, todo el tablero estaba cubierto de títulos de libros. ¿Cuántos pedazos de papel había en el tablero?

     Área: _____   Modelo numérico: _____

Propiedades de los cuadriláteros

Mensaje matemático

LCE
264-265
268-269

Trabaja con un compañero o compañera. Lee con atención cada una de las siguientes definiciones. Luego, halla una tarjeta de cuadriláteros que muestre un ejemplo de cada tipo de cuadrilátero. Escribe la letra de tu ejemplo junto a la definición.

_____ Un **trapecio** es un cuadrilátero que tiene al menos un par de lados paralelos.

_____ Una **cometa** es un cuadrilátero con dos pares separados de lados adyacentes de igual longitud.

_____ Un **paralelogramo** es un trapecio con dos pares de lados paralelos.

_____ Un **rombo** es un paralelogramo con los cuatro lados de igual longitud.

_____ Un **rectángulo** es un paralelogramo con cuatro ángulos rectos.

_____ Un **cuadrado** es un rectángulo con los cuatro lados de igual longitud.

Utiliza las propiedades de la página 251 del diario para clasificar tus tarjetas de cuadriláteros. Luego, úsalas para responder las preguntas.

1 A partir de las propiedades, puedes ver que todos los trapecios son cuadriláteros, pero no todos los cuadriláteros son trapecios.

Utiliza las propiedades para escribir dos enunciados más como este.

a. Todos los _____ son _____, pero no todos los _____ son _____.

b. Todos los _____ son _____, pero no todas las _____ son _____.

2 Las relaciones mostradas también te ayudan a pensar en las propiedades.

Por ejemplo, todos los paralelogramos tienen dos pares de lados paralelos y todos los rectángulos son paralelogramos; por lo tanto, todos los rectángulos tienen dos pares de lados paralelos.

a. Utiliza las propiedades como ayuda para completar este enunciado:

Todas las cometas tienen dos pares de lados de igual longitud que están uno junto al otro,

y todos los rombos son cometas; por lo tanto, todos los rombos_____

_____

b. Utiliza las propiedades como ayuda para escribir un enunciado más como el de la Parte a.

_____

_____

_____

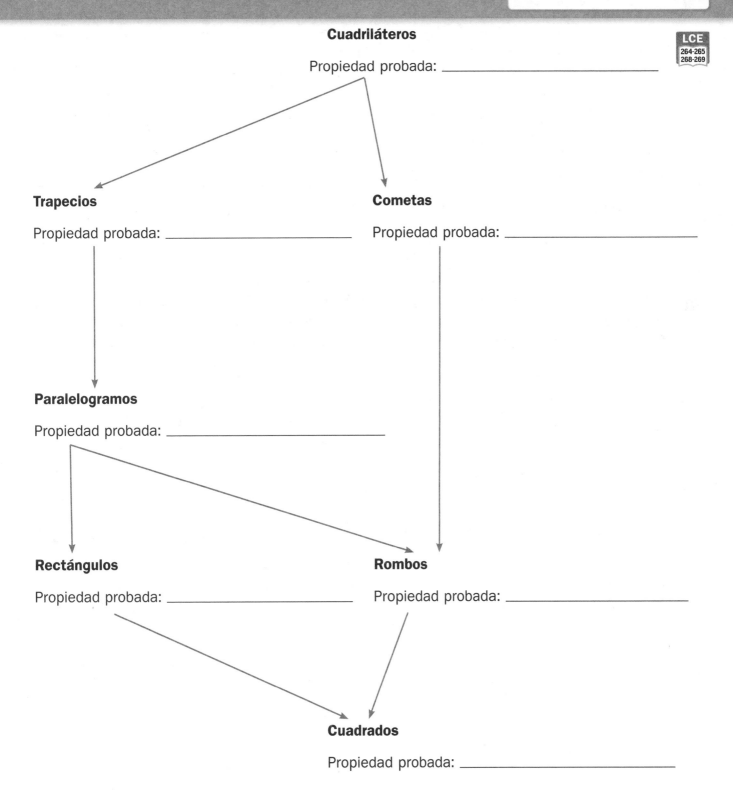

Cuadriláteros

Propiedad probada: _____

Trapecios

Propiedad probada: _____

Cometas

Propiedad probada: _____

Paralelogramos

Propiedad probada: _____

Rectángulos

Propiedad probada: _____

Rombos

Propiedad probada: _____

Cuadrados

Propiedad probada: _____

LCE
264-265
268-269

Cajas matemáticas

1 Un libro de recetas tiene 11 recetas de pan diferentes.
Debajo se muestran las cantidades de harina que lleva cada receta.

$1\frac{1}{2}$ t $2\frac{1}{4}$ t $2\frac{1}{2}$ t   2 t   2 t $1\frac{3}{4}$ t

$2\frac{1}{4}$ t $1\frac{3}{4}$ t $2\frac{1}{4}$ t   2 t   2 t

a. Representa los datos en el diagrama de puntos.

b. ¿Cuánta harina se necesita para hacer todas

las recetas que llevan $2\frac{1}{4}$ tazas de harina? _____

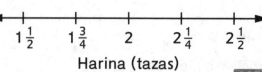

$1\frac{1}{2}$ $1\frac{3}{4}$ 2 $2\frac{1}{4}$ $2\frac{1}{2}$

Harina (tazas)

LCE 187, 204, 244, 247

---

2 Josie usó $\frac{1}{3}$ del dinero de su alcancía para comprar regalos. Gastó $\frac{2}{5}$ de ese dinero en flores para su madre. ¿Qué parte de sus ahorros gastó en las flores?

_____
(modelo numérico)

Respuesta: _____ de sus ahorros

LCE 201, 203

3 Rellena el círculo que está junto a <u>todos</u> los denominadores comunes posibles del par de fracciones.

$$\frac{1}{3} \text{ y } \frac{5}{9}$$

○ **A.** 9   ○ **B.** 24

○ **C.** 36   ○ **D.** 18

○ **E.** 96

LCE 177

---

4 62.1 ÷ 2.3 = ?

_____
(problema equivalente)

_____
(estimación)

62.1 ÷ 2.3 = _____

LCE 128, 140-142

5 $2\frac{3}{5} * 6\frac{1}{4}$ = ?

Respuesta: _____

LCE 204-206

252

Dos métodos para la multiplicación de números mixtos

Resuelve los problemas 1 a 3 usando productos parciales. Muestra tu trabajo.

1 $5 * 3\frac{1}{6} = ?$

2 $4\frac{3}{4} * \frac{1}{2} = ?$

$5 * 3\frac{1}{6} =$ _____

$4\frac{3}{4} * \frac{1}{2} =$ _____

3 La alfombra de la clase del señor Flint mide $7\frac{1}{4}$ pies por $5\frac{1}{2}$ pies. ¿Cuál es el área de la alfombra?

Modelo numérico: _____

Respuesta: _____

Vuelve a nombrar cada factor en forma de fracción y usa un algoritmo de multiplicación de fracciones en los problemas 4 a 6.

4 $2\frac{5}{8} * \frac{1}{3} = ?$

5 $3\frac{4}{5} * 2 = ?$

$2\frac{5}{8} * \frac{1}{3} =$ _____

$3\frac{4}{5} * 2 =$ _____

6 Una bolsa grande de granos de maíz contiene $2\frac{1}{2}$ veces la cantidad de una bolsa pequeña. Si la bolsa pequeña tiene $10\frac{1}{2}$ onzas de granos de maíz, ¿cuántas onzas de granos hay en la bolsa grande?

Modelo numérico: _____

Respuesta: _____

7 Compara los dos métodos para multiplicar números mixtos. ¿Cuál de ellos prefieres? ¿Por qué?

_____

_____

_____

Cajas matemáticas

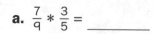

1 Halla el área del rectángulo.

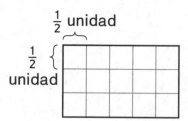

$\frac{1}{2}$ unidad

$\frac{1}{2}$ unidad

Área: _____

_____
(modelo numérico)

LCE
204-206
225-226

2 Resuelve.

a. $\frac{7}{9} * \frac{3}{5} =$ _____

b. $\frac{5}{11} * \frac{6}{9} =$ _____

LCE
203

3 Usa una estimación para colocar el punto decimal. Se dan los dígitos correctos.

_____
(estimación)

$6.39 \div 21.3 = 0 \quad 0 \quad 3 \quad 0$

LCE
128,
140-141

4 ¿Qué expresiones tienen un valor igual a 6? Marca todas las que correspondan.

☐ $6 * \frac{2}{2}$

☐ $6 * \frac{8}{7}$

☐ $\frac{3}{2} * \frac{6}{1}$

☐ $6 * \frac{9}{10}$

☐ $6 * 1$

LCE
197-198

5 **Escritura/Razonamiento** Explica cómo resolviste el Problema 4 sin multiplicar.

_____

_____

_____

_____

LCE
197-198

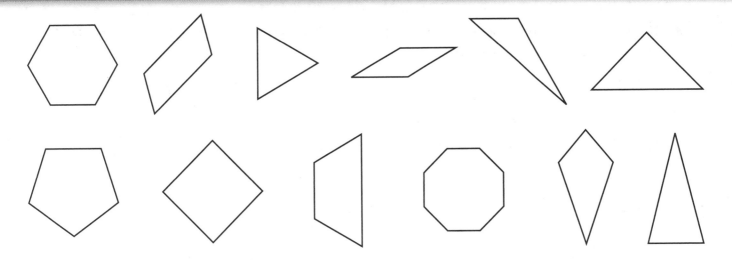

Nombra al menos tres atributos que todas las figuras tengan en común.

Cajas matemáticas

1 Sabine hizo una prueba de estiramiento y flexibilidad en 10 días distintos. Las longitudes de su estiramiento se muestran abajo.

5 pulg. $4\frac{1}{4}$ pulg. $3\frac{1}{4}$ pulg. $5\frac{1}{2}$ pulg.   5 pulg.

$4\frac{1}{2}$ pulg.   4 pulg. $5\frac{1}{4}$ pulg.   5 pulg. $4\frac{3}{4}$ pulg.

a. Representa sus mediciones en el diagrama de puntos.

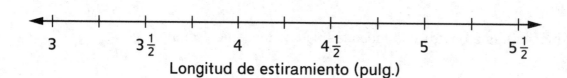

$$3 \qquad 3\frac{1}{2} \qquad 4 \qquad 4\frac{1}{2} \qquad 5 \qquad 5\frac{1}{2}$$

Longitud de estiramiento (pulg.)

b. ¿Cuál es la diferencia entre las mediciones más grandes y las más pequeñas de Sabine?

_____ pulg.

LCE
192,
244, 247

---

2 Elijah abrió una caja de cereales y comió $\frac{7}{8}$ del contenido el lunes por la mañana. El martes comió $\frac{1}{6}$ de lo que quedaba. ¿Cuánto comió el martes?

_____
(modelo numérico)

Respuesta: _____
de la caja de cereales

LCE
201, 203

3 Resuelve.

a. $\frac{7}{8} + \frac{3}{4} =$ _____

b. $\frac{7}{9} + \frac{1}{2} =$ _____

LCE
177,
189-190

---

4 72.5 ÷ 14.5 = ?

_____
(problema equivalente)

_____
(estimación)

72.5 ÷ 14.5 = _____

LCE
128,
140-142

5 $6\frac{3}{8} * 4\frac{1}{3} =$?

Respuesta: _____

LCE
204-206

Cajas matemáticas

1 Justin dijo: "Si multiplico cualquier número mayor que 0 por $\frac{6}{5}$, el producto será menor que el número con el que empecé". ¿Es la conjetura de Justin verdadera o falsa?

_____

LCE
197-198

2 Resuelve. Verifica tu respuesta con una oración numérica de multiplicación.

$12 \div \frac{1}{7} =$ _____

Verificación:

_____

LCE
209-210

3 Puedes usar esta fórmula para convertir grados Celsius (°C) a grados Fahrenheit (°F):

(°C * 1.8) + 32 = °F

¿Cuánto es 31.5 °C en °F?

Respuesta: _____ °F

LCE
42,
134-135

4 Resuelve el siguiente acertijo:
Soy un cuadrilátero con 4 lados iguales y ningún ángulo recto. ¿Qué podría ser? Rellena todas las respuestas posibles.

( ) cuadrado

( ) paralelogramo

( ) rombo

( ) cometa

LCE
268-269

5 **Escritura/Razonamiento** Explica cómo decidiste si la conjetura de Justin era verdadera o falsa en el Problema 1.

_____

_____

_____

LCE
197-198

Hallar medidas personales

Trabaja con un compañero o compañera. Usa una cinta de medir para hallar la longitud de la braza, el codo, la cuarta y la falange de tu compañero o compañera en unidades estándar. Anota tus propios datos en tu página del diario. Los datos de tu compañero o compañera se deben anotar en su diario. Asegúrate de medir al nivel de precisión pedido.

1 Braza
(a la pulgada más cercana)

2 Codo
(a la $\frac{1}{2}$ pulgada más cercana)

3 Cuarta
(al $\frac{1}{4}$ de pulgada más cercano)

4 Falange
(al $\frac{1}{8}$ de pulgada más cercano)

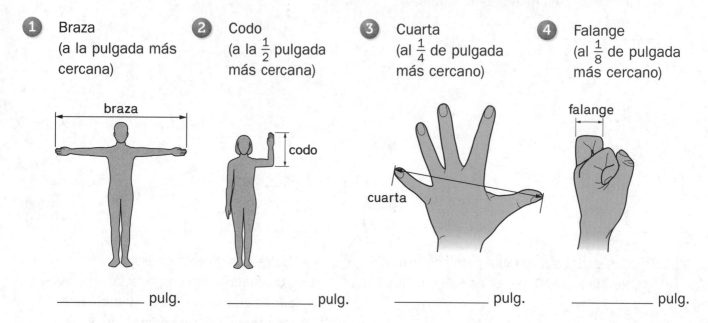

_____ pulg.   _____ pulg.   _____ pulg.   _____ pulg.

5 Usa las medidas de tu clase para crear diagramas de puntos para las longitudes del codo, la cuarta y la falange.

Longitud del codo (pulg.)

Hallar medidas personales

(continuación)

Longitud de la cuarta (pulg.)

Longitud de la falange (pulg.)

6 Usa la estrategia de nivelación para hallar una medida típica de tu clase.
Recuerda: Para nivelar un conjunto de datos, suma todos los valores y luego divide el total por la cantidad de puntos de datos.

a. Datos de la cuarta _____

b. Datos de la falange _____

7 ¿Cuánto más larga es la cuarta típica que la falange típica?

Modelo numérico: _____   Respuesta: _____

8 Si todos en tu clase tuvieran la medida de cuarta típica y *todos* alinearan sus manos pulgar con meñique, ¿cuál sería la distancia total?

Modelo numérico: _____   Respuesta: _____

Visualizar patrones y relaciones

1 **a.** Escribe los números en la tabla en forma de pares ordenados, en los que los números de *entrada* son las coordenadas *x* y los números de *salida* son las coordenadas *y*.

entrada (*x*) Regla: + 1	salida (*y*) Regla: + 2
1	2
2	4
3	6
4	8
5	10

Pares ordenados:

(1, 2)

_____

_____

_____

_____

regla de la relación entrada/salida: * 2

b. Representa los pares ordenados en la gráfica de coordenadas. Luego, traza una línea para conectar los puntos.

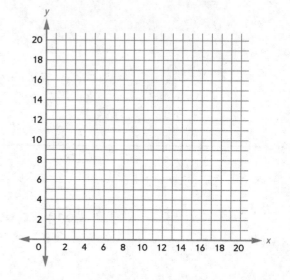

2 **a.** Se da una regla al comienzo de cada columna de la siguiente tabla. Usa las reglas para completar las columnas.

entrada (*x*) Regla: + 6	salida (*y*) Regla: + 2
0	0

Pares ordenados:

_____

_____

_____

_____

b. ¿Qué regla relaciona cada número de *entrada* con su número de *salida* correspondiente? _____

d. Escribe los números de la tabla en forma de pares ordenados. Luego, represéntalos en la gráfica. Traza una línea para conectar los puntos.

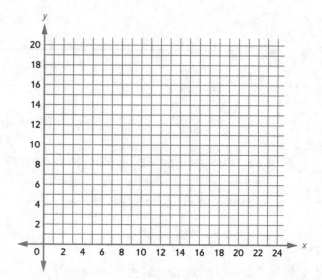

c. Piensa en las reglas que usaste para completar las columnas de *entrada* y *salida*. ¿Por qué tiene sentido la regla que usaste en la Parte b?

_____

_____

Visualizar patrones y relaciones

(continuación)

3 **a.** Usa las reglas para completar las columnas.

entrada (x)	salida (y)
Regla: − 1	Regla: − 3
5	15

b. ¿Qué regla relaciona cada número de *entrada* con su número de *salida* correspondiente?

_____

c. Escribe los números de la tabla en forma de pares ordenados. Luego, representa los pares ordenados. Traza una línea para conectar los puntos.

Pares ordenados: _____

_____

_____

_____

4 **a.** Usa las reglas para completar las columnas.

entrada (x)	salida (y)
Regla: − 4	Regla: − 2
20	10

LCE
51-56
275

b. ¿Qué regla relaciona cada número de *entrada* con su número de *salida* correspondiente?

_____

c. Escribe los números de la tabla en forma de pares ordenados. Luego, representa los pares ordenados. Traza una línea para conectar los puntos.

Pares ordenados: _____

_____

_____

_____

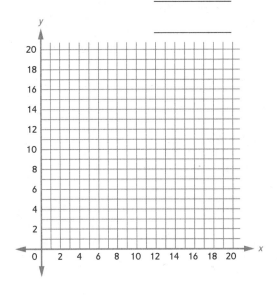

261

Multiplicar y dividir fracciones

Escribe en los problemas 1 a 4 un modelo numérico con una letra para la incógnita. Luego, resuelve. Usa dibujos como ayuda.

1 Tony hizo un dibujo de $\frac{3}{4}$ de pie de ancho. Quiere hacer otro dibujo que tenga $\frac{1}{2}$ de ese ancho. ¿Cuál será el ancho del nuevo dibujo?

Modelo numérico: _____

Respuesta: _____ de pie

2 Rachel está decorando una tarjeta con calcomanías. Cada calcomanía mide $\frac{1}{4}$ de pulg. de ancho. ¿Cuántas calcomanías puede colocar Rachel a lo largo del borde de 5 pulg. de la tarjeta?

Modelo numérico: _____

Respuesta: _____ calcomanías

3 Una cuadra de Chicago tiene alrededor de $\frac{1}{8}$ de milla de largo. Si la longitud de una cuadra se divide en 10 lotes iguales, ¿cuál es la longitud de un lote en millas?

Modelo numérico: _____

Respuesta: _____ de milla

4 El concejo municipal de Greentown está diseñando un nuevo parque. El parque tendrá $\frac{1}{4}$ de milla de largo y $\frac{1}{8}$ de milla de ancho. ¿Cuántas millas cuadradas cubrirá el parque?

Modelo numérico: _____

Respuesta: _____ de milla cuadrada

Escribe en los problemas 5 y 6 una historia de números que coincida con la oración numérica. Luego, resuelve.

5 $\frac{3}{4} * \frac{5}{8} = ?$

Historia de números: _____

_____

_____

Solución: _____

6 $10 \div \frac{1}{3} = ?$

Historia de números: _____

_____

_____

Solución: _____

Cajas matemáticas: Avance de la Unidad 8

Cajas matemáticas

1 Adam tiene un sofá de 7 pies de largo y dos mesitas auxiliares de 18 pulgadas de ancho. Si pone una mesita auxiliar en cada extremo del sofá, ¿cuántos **pies** de espacio ocuparán los muebles?

Respuesta: _____

LCE
215-217
328

2 Carlene está armando un rompecabezas rectangular de $\frac{11}{12}$ pies por $1\frac{2}{3}$ pies. ¿Cuál es el área del rompecabezas terminado?

_____
(modelo numérico)

Respuesta: _____ pies^2

LCE
204-206

3 Escribe si hallarías la longitud, el área o el volumen en cada situación.

a. La cantidad de agua en una piscina

_____

b. La distancia desde la escuela hasta tu casa _____

c. La cantidad de papel necesario para cubrir un tablero de avisos _____

LCE
218, 221,
230

4 En las siguientes líneas, escribe el valor de los dígitos de 6,582,390,417 en palabras.

6: _____

5: _____

8: _____

2: _____

3: _____

LCE
66-67

5 Completa la tabla de entrada/salida. Luego, completa la regla que relaciona los números de *entrada* con los números de *salida* correspondientes.

Regla	entrada	salida
* _____	0	
	1	$\frac{1}{4}$
	2	
		$\frac{1}{8}$
	8	2

LCE
53-54

263

Mostrar datos en una tabla y en una gráfica

Sigue las instrucciones de tu maestro para completar el Problema 1.

LCE
52-56

1 **a.**

Tiempo (minutos) (x)	Distancia (millas) (y)
0	0
1	8
2	16
3	24
4	32
5	

b. Regla: _____

_____

c. Pares ordenados:

_____

_____

_____

_____

_____

_____

_____

2 Representa los pares ordenados en la gráfica de coordenadas de la página 265 del diario. Conecta los puntos con una regla.

Usa tu gráfica para responder las siguientes preguntas.

3 ¿Qué distancia viajó el avión en $2\frac{1}{2}$ minutos? _____
(unidad)

4 ¿Alrededor de cuántas millas viajó el avión en 5 minutos y 24 segundos ($5\frac{2}{5}$ minutos)?

_____
(unidad)

5 ¿Alrededor de cuánto tiempo tardó el avión en viajar 60 millas? _____
(unidad)

6 ¿Cuánto tardó el avión en viajar 64 millas? _____
(unidad)

LCE
55-56
275

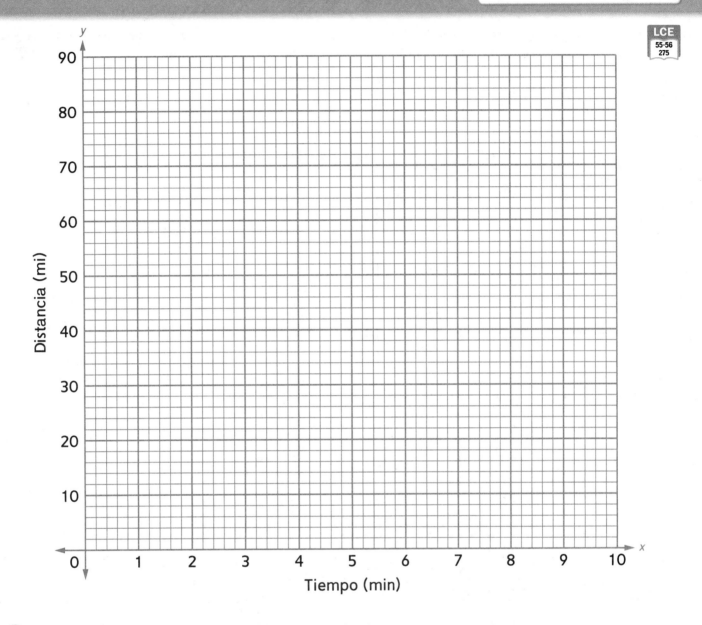

7 Si quisieras saber qué distancia viajó el avión en 15 minutos, ¿usarías la tabla, la regla o la gráfica? Explica.

_____

_____

_____

265

Crear gráficas a partir de tablas

Usa la regla para completar cada tabla en los problemas 1 y 2. Escribe pares ordenados para representar los datos. Luego, crea una gráfica lineal y responde las preguntas.

1 Andy gana $8 por hora.

Regla: Cantidad de horas trabajadas * $8 = Ganancia

a.

Horas trabajadas (x)	Ganancia (dólares) (y)
1	
2	
3	
	40
7	

b. Pares ordenados:

_____

_____

_____

_____

_____

c.

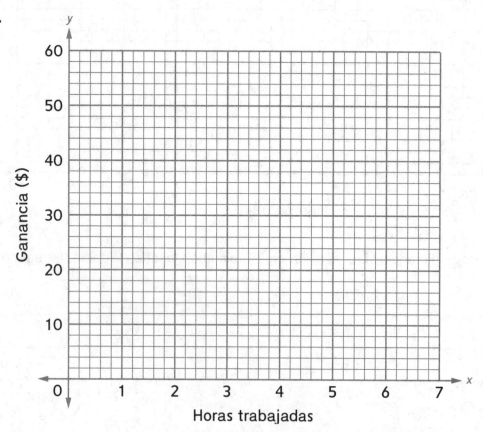

d. Marca un punto para mostrar la ganancia de Andy en $5\frac{1}{2}$ horas. ¿Cuánto ganaría? _____

Crear gráficas a partir de tablas
(continuación)

2 Frank escribe a máquina 45 palabras por minuto.

Regla: Palabras escritas = 45 * cantidad de minutos

a.

Tiempo (minutos) (x)	Palabras escritas (y)
1	
2	
3	
	225
6	

b. Pares ordenados:

_____

_____

_____

_____

_____

c.

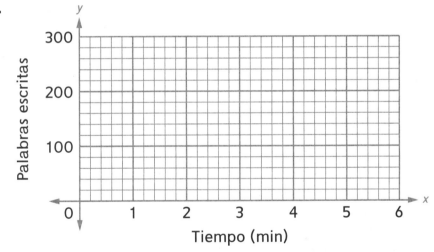

d. Marca un punto para mostrar cuántas palabras podría escribir Frank en 4 minutos.

¿Cuántas palabras podría escribir? _____
                                                    (unidad)

e. ¿Alrededor de cuánto tiempo tardaría Frank en escribir 200 palabras?

_____
                (unidad)

Cajas matemáticas

1 Usa un común denominador para dividir. Muestra tu trabajo.

a. $7 \div \frac{1}{4} =$ _____

b. $5 \div \frac{1}{6} =$ _____

LCE
210

2 Resuelve. Muestra tu trabajo.

$4\frac{1}{2} * 7\frac{1}{5} = ?$

Respuesta: _____

LCE
204-206

3 Escribe un problema equivalente con un número entero como divisor. Luego, resuelve.

$15.6 \div 0.3 = ?$

_____
(problema equivalente)

Respuesta: _____

LCE
140-141

4 Jorie pasó 1 y $\frac{3}{4}$ horas haciendo tareas domésticas. Pasó $\frac{2}{3}$ de hora pasando la aspiradora. ¿Cuánto tiempo pasó haciendo las otras tareas domésticas?

_____
(modelo numérico)

Respuesta: _____ hora(s)

LCE
192-193

5 **Escritura/Razonamiento** Explica cómo resolviste el Problema 3.

_____

_____

_____

LCE
140-141

Cajas matemáticas

1 Escribe una fracción para que cada oración numérica sea verdadera.

a. $\dfrac{6}{11} * \dfrac{\boxed{}}{\boxed{}} = \dfrac{6}{11}$

b. $\dfrac{6}{11} * \dfrac{\boxed{}}{\boxed{}} > \dfrac{6}{11}$

c. $\dfrac{6}{11} * \dfrac{\boxed{}}{\boxed{}} < \dfrac{6}{11}$

LCE
197-198

2 Escribe una oración numérica de *división* que corresponda al siguiente dibujo. Tu dividendo debe ser un número entero y tu divisor debe ser una fracción.

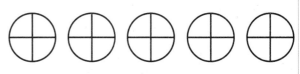

_____ ÷ _____ = _____

LCE
209-210

3 Noah compró 8.5 galones de gasolina. La gasolina cuesta $3.90 el galón. ¿Cuánto pagó Noah?

_____
(estimación)

Respuesta: $_____

LCE
128,
134-135

4 ¿Cuáles son todos los nombres posibles de un polígono con 4 ángulos rectos y 4 lados iguales?

Encierra en un círculo la mejor respuesta.

A. Rectángulo y cuadrado

B. Cuadrado

C. Cuadrilátero, rombo, cometa, rectángulo, cuadrado, trapecio, paralelogramo

D. Paralelogramo y cuadrado

LCE
268-269

5 **Escritura/Razonamiento** Explica cómo hallaste la respuesta al Problema 1b.

_____

_____

_____

LCE
197-198

Reglas, tablas y gráficas

Mensaje matemático

1 Karla gana $20 por hora.

a. Escribe una regla que describa cuánto gana Karla.

Regla: _____

b. Usa la regla para completar la tabla. Escribe pares ordenados para representar los datos de la tabla.

Horas trabajadas (x)	Ganancia (dólares) (y)
1	
2	
3	

Pares ordenados:

_____

_____

_____

---

2 Eli tiene 10 años y puede correr alrededor de 5 yardas en 1 segundo. Su hermana Lupita tiene 7 años y puede correr alrededor de 4 yardas en 1 segundo.

Eli y Lupita corren una carrera de 60 yardas. Como Lupita es más joven, Eli le da una ventaja de 10 yardas.

Completa las tablas que muestran la distancia a la cual están Eli y Lupita de la largada tras 1, 2, 3 segundos, etc. Usa las tablas para completar el Problema 2.

a. ¿Quién gana la carrera? _____

b. ¿Cuánto tarda el ganador

en terminar? _____

c. ¿Quién iba ganando durante la mayor

parte de la carrera? _____

Eli		Lupita	
Tiempo (segundos) (x)	Distancia (yardas) (y)	Tiempo (segundos) (x)	Distancia (yardas) (y)
0 (largada)	0	0 (largada)	10
1		1	
2		2	18
3	15	3	
4		4	
5		5	
6		6	
7		7	38
8		8	
9		9	
10		10	
11		11	
12		12	

3 **a.** Regla de Eli: _____

b. Regla de Lupita: _____

270

Reglas, tablas y gráficas (continuación)

4 Escribe 4 pares ordenados de la tabla de Eli y 4 pares ordenados de la tabla de Lupita.

a. Eli: _____

b. Lupita: _____

5 Usa la siguiente gráfica para representar los resultados de la carrera entre Eli y Lupita.

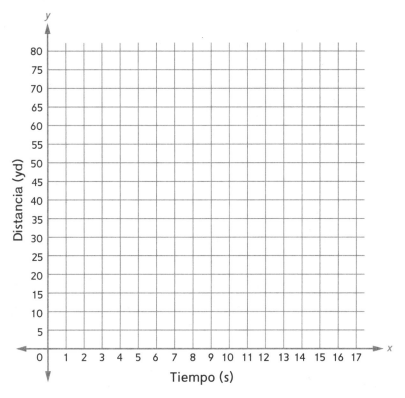

6 ¿Cuántas yardas hay entre Eli y Lupita a los 7 segundos? _____ yardas

7 Supón que Eli y Lupita corrieran 75 yardas en lugar de 60.

a. ¿Quién esperarías que gane? _____

b. ¿Cuánto tardaría el ganador en terminar? _____ segundos

8 Explica cómo calculaste las respuestas a los problemas 7a y 7b.

_____

_____

_____

_____

Predecir las erupciones del géiser Viejo fiel

El Viejo fiel, uno de los 200 géiseres del Parque Nacional de Yellowstone, es uno de los espectáculos más impresionantes de la naturaleza. El Viejo fiel no es ni el géiser más largo ni el más alto de Yellowstone, pero es el más constante. Erupciona a intervalos predecibles. Si mides la duración de una erupción, puedes predecir cuánto deberás esperar hasta la siguiente. La fórmula que describe el patrón de erupción del Viejo fiel es:

*Tiempo de espera = (10 * duración de la última erupción en minutos) + 30 minutos*

1 Usa la fórmula para completar la tabla.

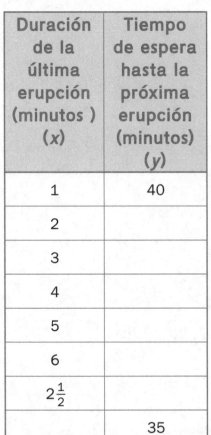

Duración de la última erupción (minutos) (x)	Tiempo de espera hasta la próxima erupción (minutos) (y)
1	40
2	
3	
4	
5	
6	
$2\frac{1}{2}$	
	35

2 Escribe cada par de valores de la tabla en forma de par ordenado. Se hizo el primero como ejemplo.

(1, 40)

_____

_____

_____

_____

_____

_____

_____

3 Marca cada punto en la gráfica. Usa una regla para conectar los puntos.

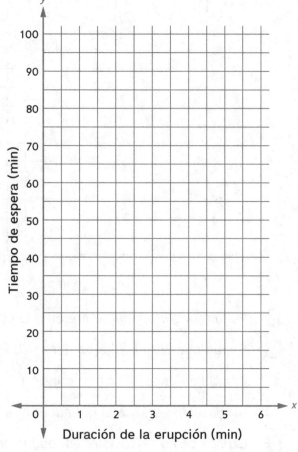

4 **a.** Son las 8:30 a. m. y el Viejo fiel acaba de terminar una erupción de 4 minutos. ¿Alrededor de qué hora tendrá lugar la próxima erupción? _____

b. Explica cómo hallaste tu respuesta.

_____

_____

272

Cajas matemáticas

Cajas matemáticas

---

1 Usa un común denominador para dividir.

a. $\frac{1}{3} \div 5 =$ _____

b. $\frac{1}{7} \div 2 =$ _____

---

2 Resuelve. Muestra tu trabajo.

$4\frac{1}{6} * 1\frac{7}{8} = ?$

Respuesta: _____

---

3 Escribe un problema equivalente con un número entero como divisor. Luego, resuelve.

$194.5 \div 0.5 = ?$

_____
(problema equivalente)

Respuesta: _____

---

4 Si Marlo ya corrió $17\frac{1}{3}$ millas en una maratón de $26\frac{1}{5}$, ¿cuánto más le falta para terminar?

_____
(modelo numérico)

Respuesta: _____ millas

---

5 **Escritura/Razonamiento** Completa el modelo de área para mostrar que tu respuesta al Problema 2 es correcta.

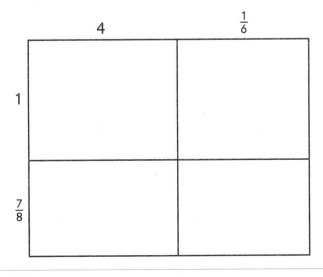

Cajas matemáticas

1 **a.** 1 hora = _____ segundos

   b. 1 día = _____ segundos

LCE
215-217
328

2 Las dimensiones de una cancha de básquetbol estándar son $31\frac{1}{3}$ yardas por $16\frac{2}{3}$ yardas. ¿Cuál es el área de una cancha de básquetbol?

_____
(modelo numérico)

Respuesta: _____ yd²

LCE
204-206

3 Escribe acerca de una situación en la cual querrías saber el volumen de un prisma rectangular.

_____

_____

LCE
230

4 Escribe un número con 7 decenas de millón, 2 millares de millón, 9 centenas de millar, 3 unidades y 5 millares. Escribe un 4 en el resto de los lugares.

____, ____ ____ ____, ____ ____ ____, ____ ____ ____

Escribe este número en palabras: _____

_____

_____

LCE
66-67

5 Usa la tabla para escribir pares ordenados. Luego, marca cada punto en la gráfica y traza una línea para conectarlos.

entrada	salida
0	0
1	$\frac{1}{4}$
2	$\frac{2}{4}$
3	$\frac{3}{4}$
4	1

_____

_____

_____

_____

_____

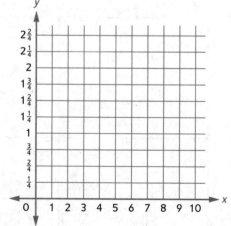

LCE
275

Hallar áreas de superficies de juego

Un pueblo planea construir un centro deportivo en un terreno baldío. Los proyectistas intentan calcular las áreas de las superficies de juego de varios deportes. Ayúdalos a hallar el área de cada superficie en pies cuadrados. Muestra tu trabajo en la siguiente cuadrícula. Usa una hoja si necesitas más espacio.

LCE
100, 204
215, 225

Deporte	Dimensiones de la superficie de juego	Dimensiones de la superficie de juego en pies	Área de la superficie de juego en pies cuadrados
Voleibol de playa	52 pies 6 pulg. × 26 pies 3 pulg.	_____ pies × _____ pies	
Karate	26 pies × 26 pies	_____ pies × _____ pies	
Judo	52 pies 6 pulg. × 52 pies 6 pulg.	_____ pies × _____ pies	
Fútbol americano (sin zona de anotación)	100 yd × 53$\frac{1}{3}$ yd	_____ pies × _____ pies	
Fútbol	120 yd × 80 yd	_____ pies × _____ pies	
Natación	55 yd × 23 yd	_____ pies × _____ pies	
Hockey sobre hielo	30 m × 61 m (1 m ≈ $\frac{12}{11}$ yd)	_____ pies × _____ pies	Alrrededor de
Lucha libre	39 pies 3 pulg. × 39 pies 3 pulg.	_____ pies × _____ pies	

Planificar un centro deportivo

1 Un acre son 4,840 yardas cuadradas. ¿A cuántos pies cuadrados equivale?

Respuesta: _____

El pueblo tiene 4 acres de tierra para construir el centro deportivo.
El terreno es un rectángulo de 160 yardas de largo y 121 yardas de ancho.

Quieren que el centro deportivo tenga superficies de juego de varios deportes. Se te ha pedido que ayudes a decidir qué superficies de juego deberían incluirse y cómo deberían ordenarse. Ten en cuenta las siguientes pautas para planificar el centro deportivo.

- Elige de entre las superficies de juego enumeradas en la página 275 del diario. Utiliza las dimensiones que calculaste en esa página como ayuda para planificar.

- Al ordenarlas recuerda que, entre las superficies, deberías considerar cierto espacio para los caminos y los espectadores.

- Puedes usar un espacio adicional para incluir áreas especiales, como una de precalentamiento o un puesto de golosinas.

- Usa hojas en blanco para probar diferentes planos. Cuando tengas un plano final, dibújalo en la página 277 del diario. Asegúrate de rotular cada superficie de juego con el nombre del deporte, las dimensiones y el área

2 Explica cómo hiciste el plano con tu grupo.

_____

_____

_____

_____

_____

_____

_____

Planificar un centro deportivo (continuación)

Dibuja y rotula en esta página tu plano para el centro deportivo.

Cajas matemáticas

1 Elige la respuesta adecuada para que la siguiente oración numérica sea verdadera.

Cuando multiplicas un número por una fracción menor que 1, el producto es

_____

○ menor que el número original.

○ igual al número original.

○ mayor que el número original.

LCE
198

2 Joakim compra boletos de cine para él y 3 amigos a $9.50 cada uno. ¿Cuánto cuestan los boletos en total?

_____
(modelo numérico)

Respuesta: $_____

LCE
44,
134-135

3 ¿Cuál es el área de un parque rectangular de $\frac{5}{8}$ de milla de largo y $\frac{2}{5}$ de milla de ancho?

_____
(modelo numérico)

Respuesta: _____

LCE
202-203
225

4 Delaney está cortando pan árabe en octavos. Si tiene 6 panes, ¿cuántos trozos obtendrá?

_____
(modelo numérico de división)

Respuesta: _____

LCE
209-210

5 **Escritura/Razonamiento** Explica cómo elegiste tu respuesta al Problema 1.

_____

_____

_____

_____

_____

LCE
198

Hallar áreas de figuras no rectangulares

Mensaje matemático

Halla el área del rectángulo del Problema 1a. Luego, habla con un compañero o compañera sobre cómo podrían hallar el área del triángulo del Problema 1b.

1 **a.**

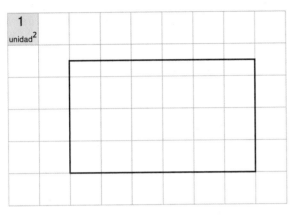

Área: _____ unidades^2

b.

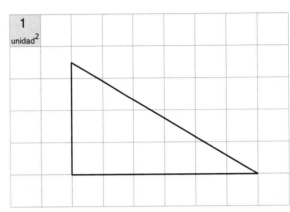

Área: _____ unidades^2

2 Explica cómo usaste el rectángulo del Problema 1a como ayuda para hallar el área del triángulo del Problema 1b.

_____

_____

_____

_____

3 Explica el **método del rectángulo** para hallar el área.

_____

_____

_____

_____

Usar el método del rectángulo para hallar el área

Emplea el método del rectángulo para hallar el área de cada figura en centímetros cuadrados.

LCE 228-229

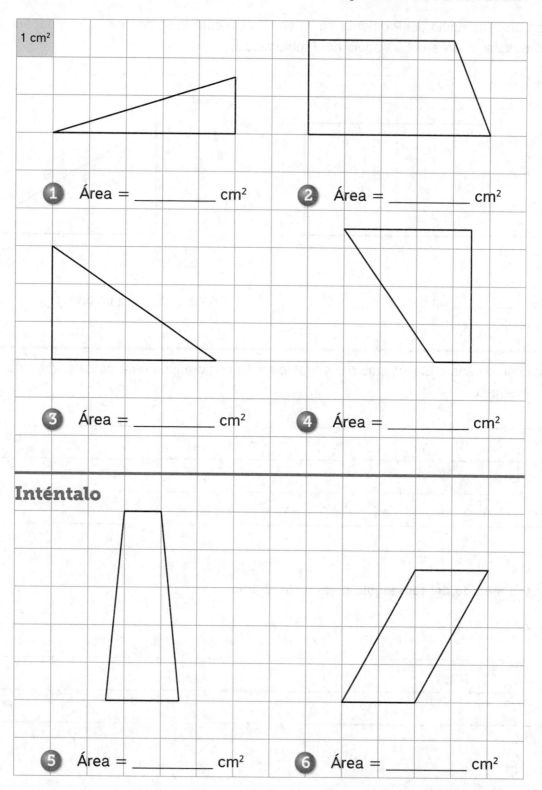

1 cm²

① Área = _____ cm²

② Área = _____ cm²

③ Área = _____ cm²

④ Área = _____ cm²

Inténtalo

⑤ Área = _____ cm²

⑥ Área = _____ cm²

Usar una tabla, una regla y una gráfica

Hay manzanas orgánicas en oferta a $1.50 la libra. Anita comenzó a hacer la tabla del Problema 1 para mostrar cuánto costarán diferentes cantidades de manzanas. Para ella, $1.50 es igual a 1.5 dólares.

Piensa: "Cada vez que agrego 1 libra de manzanas, agrego otro $1.50 al costo total". Escribe la regla "+ 1" en la columna de Libras de manzanas y la regla "+ 1.5" en la columna de Costo total en dólares.

1 Usa las reglas para completar la tabla de Anita.

Libras de manzanas (x) Regla: + 1	Costo total en dólares (y) Regla: + 1.5
1	1.5

2 **a.** Mira la tabla del Problema 1. ¿Qué regla relaciona la columna de Libras de manzanas con la de Costo total en dólares?

Regla: _____

b. ¿Por qué tiene sentido la regla que hallaste en la Parte a?

_____

_____

_____

_____

3 Escribe los números de la tabla del Problema 1 en forma de pares ordenados. Recuerda usar paréntesis y una coma en cada par. Luego, represéntalos en la gráfica de coordenadas. Traza una línea para conectar los puntos.

Pares ordenados: _____

_____   _____

_____   _____

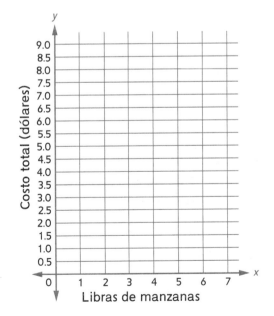

4 Mira la tabla. ¿Cuánto costarán 3 libras de manzanas? _____

5 Utiliza la regla del Problema 2a. ¿Cuánto costarán 10 libras de manzanas? _____

6 Usa la gráfica. ¿Cuánto costarán 6 libras de manzanas? _____

281

Cajas matemáticas

1 Haz una estimación para colocar el punto decimal en cada respuesta.

a. 72.12 ∗ 84.75 = 6 1 1 2 1 7

b. 60.48 ÷ 3.2 = 1 8 9

LCE 128, 134, 137

2 Johanna tiene $\frac{1}{4}$ de galón de agua. Quiere dividirlo en cantidades iguales para beber después de cada milla de una carrera de 4 millas. ¿Cuánta agua debería beber después de cada milla?

_____
(modelo numérico)

Respuesta: _____

LCE 207-208

3 ¿Cuál es el área de una hoja tamaño legal de $8\frac{1}{2}$ pulg. por 14 pulg.?

_____
(modelo numéricol)

Respuesta: _____

LCE 204-205 225

4 Escribe los exponentes que faltan para que las oraciones numéricas sean verdaderas.

a. $5.02 * 10^{\boxed{}} = 5{,}020{,}000$

b. $934.27 \div 10^{\boxed{}} = 9.3427$

c. $81.09 * 10^{\boxed{}} = 81{,}090$

LCE 133, 136

5 Los vendedores de fiambre de un supermercado quieren registrar cuánto pavo venden. El diagrama de puntos muestra la cantidad de pavo en cada pedido durante un día. Ten en cuenta el diagrama de puntos para responder las preguntas.

a. ¿Cuál fue la cantidad total de pavo vendido en pedidos de 1 lb o más?

_____

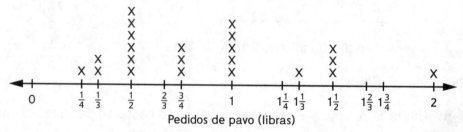

Pedidos de pavo (libras)

b. ¿Cuál fue la cantidad total de pavo vendido en pedidos de $\frac{1}{2}$ lb? _____

LCE 177, 191 199, 247

Comprar una pecera

Mensaje matemático

1 Glenn compra una pecera para su pez dorado, Nadador. Aprendió que un pez dorado de 1 pulgada necesita al menos 230 pulgadas cúbicas de agua para estar saludable. Nadador mide 1 pulgada de largo.

Halla el volumen, en pulgadas cúbicas, de las siguientes peceras.

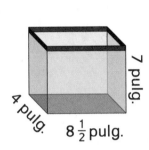

Pecera 1

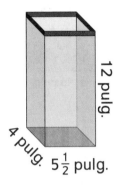

Pecera 2

Modelo numérico: $V =$ _____

Volumen = _____
(unidad)

Modelo numérico: $V =$ _____

Volumen = _____
(unidad)

2 ¿Qué pecera debería comprarle Glenn a Nadador? _____

Explica tu elección a un compañero o compañera.

---

3 Glenn también aprendió que el área de la base de una pecera debería medir al menos 30 pulgadas cuadradas por cada pulgada de largo del pez.

a. ¿Cuál es el área de la base de la pecera 1? _____
(unidad)

b. ¿Cuál es el área de la base de la pecera 2? _____
(unidad)

c. ¿Qué pecera debería comprarle Glenn a Nadador? Explica.

_____

_____

_____

Planificar tu pecera

Imagina que estás colocando una pecera en tu habitación. La tienda de mascotas tiene cuatro peceras disponibles.

Pecera A: *Aventura submarina*

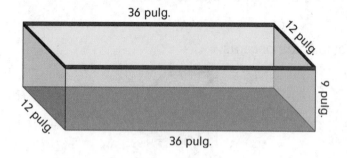

Pecera B: *Hotel de peces*

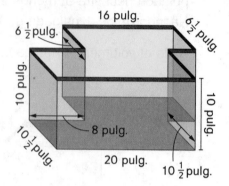

Pecera C: *Palacio de peces*

Pecera D: *Mundo acuático*

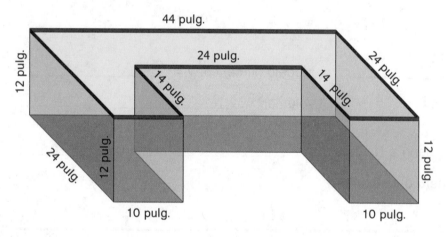

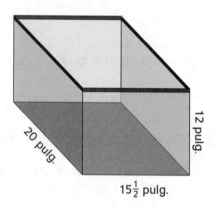

1 Elige la pecera que quieres para tu habitación. _____

(nombre de la pecera)

2 ¿Cuál es el área de la base de tu pecera?

_____

(modelo numérico)

$A =$ _____

(unidad)

3 ¿Cuál es el volumen de tu pecera?

_____

(modelo numérico)

$V =$ _____

(unidad)

Ten en cuenta los siguientes requisitos para las peceras. Por cada pulgada de largo del pez:

LCE
225, 227
233-234

• La pecera debe contener al menos 230 pulgadas cúbicas de agua.

• La base de la pecera debe tener un área de al menos 30 pulgadas cuadradas.

4 a. Alrededor de _____ pulgadas totales de peces podrían vivir en mi pecera.

b. Explica tu razonamiento. _____

_____

_____

_____

_____

_____

5 a. Completa el formulario de pedido de peces dorados en la página siguiente.

b. Explica cómo sabes que el pez que elegiste podrá vivir bien en tu pecera.

_____

_____

_____

Inténtalo

6 Supón que viertes 10 galones, o alrededor de 2,300 pulgadas cúbicas de agua en tu pecera. ¿Cuál sería la altura aproximada del nivel de agua de tu pecera? Utiliza una calculadora y redondea tu respuesta a la décima de pulgada más cercana. Muestra tu trabajo. *Pista:* Usa la fórmula $V = B \times h$.

El nivel de agua de mi pecera estaría a _____ pulgadas.

Formulario de pedido de peces dorados

Formulario de pedido de peces dorados			
Pez dorado	**Tamaño**	**Cantidad**	**Pulgadas totales**
Pez dorado cola de abanico	cola de abanico de 1 pulgada		
	cola de abanico de 2 pulgadas		
	cola de abanico de $2\frac{1}{2}$ pulgadas		
Pez dorado cabeza de león	cabeza de león de 2 pulgadas		
	cabeza de león de 3 pulgadas		
	cabeza de león de 4 pulgadas		
Pez dorado ojo de dragón	ojo de dragón de $1\frac{1}{2}$ pulgadas		
	ojo de dragón de 2 pulgadas		
	ojo de dragón de $3\frac{1}{2}$ pulgadas		

Longitud combinada de todos los peces: _____ pulg.

Recuerda: Vuelve a la página anterior y completa los problemas.

Cajas matemáticas

1 Elige la mejor respuesta.

Cuando multiplicas un número por una fracción mayor que uno,

_____

○ el producto es igual al número.

○ el producto es mayor al número.

○ el producto es menor al número.

○ no tenemos suficiente información para saber cuál es el tamaño del producto.

LCE
197

2 Jacory ganó $223.20 por 12 horas de trabajo. ¿Cuánto ganó en 1 hora?

_____
(modelo numérico)

Respuesta: _____

LCE
44, 137

3 Caetano está recortando rectángulos para un proyecto de arte. Cada rectángulo tiene longitudes de lado de $\frac{7}{8}$ de las longitudes del rectángulo anterior. El último que recortó Caetano medía $\frac{3}{4}$ de pulg. por $\frac{2}{3}$ de pulg. ¿Cuáles serán las longitudes de lado del siguiente rectángulo?

_____ por _____

LCE
178,
201-203

4 Una panadería vende porciones de tarta que son $\frac{1}{6}$ de la tarta. Si hoy hicieron 18 tartas, ¿cuántas porciones tendrán?

_____
(modelo numérico de división)

Respuesta: _____

LCE
209-210

5 **Escritura/Razonamiento** Explica cómo resolviste el Problema 2.

_____

_____

_____

LCE
137

Envase de jugo

Clark tiene un envase de jugo que no está totalmente lleno. El orificio en la parte superior del envase está abierto. Clark toma el envase y lo aprieta, pero no sale jugo.

1 ¿Qué piensas que sucedió con la forma del envase cuando Clark lo apretó?

2 ¿Qué sucedió con la cantidad de jugo en el envase y la altura del jugo cuando Clark lo apretó?

University of Chicago

Cajas matemáticas

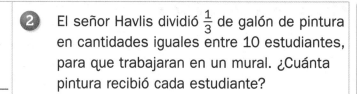

1 Rosa resolvió el siguiente problema.

85.19 * 1.8 = 1,533.42

¿Es correcta la respuesta de Rosa? _____

Escribe una estimación para mostrar cómo lo sabes:

_____

Si los dígitos de la respuesta de Rosa son correctos, ¿cuál es el producto de 85.19 * 1.8?

_____

LCE
128, 134

2 El señor Havlis dividió $\frac{1}{3}$ de galón de pintura en cantidades iguales entre 10 estudiantes, para que trabajaran en un mural. ¿Cuánta pintura recibió cada estudiante?

_____
(modelo numérico)

Respuesta: _____ de galón

LCE
207-208

3 Brigitte está haciendo una colcha con cuadrados de tela de $\frac{7}{12}$ pies de lado. ¿Cuál es el área de cada cuadrado?

_____
(modelo numérico)

Respuesta: _____

LCE
202-203
225

4 Completa los espacios en blanco con un exponente para hacer una oración numérica verdadera.

a. $4.3 * 10^{\boxed{}} = 43,000$

b. $8.7 \div 10^{\boxed{}} = 0.087$

LCE
133, 136

5 Phoebe registró su estatura desde los 7 años. Dos veces al año, registra cuánto creció desde su medición anterior. Estas son sus medidas en pulgadas.

$\frac{3}{4}$ $1\frac{1}{8}$ $\frac{7}{8}$ $\frac{1}{4}$ $1\frac{1}{2}$ $\frac{3}{8}$ 1 $1\frac{1}{2}$ $\frac{1}{8}$

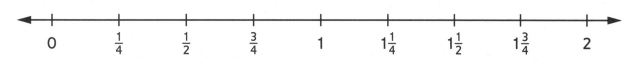

Crecimiento de Phoebe (pulg.)

a. Representa los datos en el diagrama de puntos.

b. Si Phoebe medía $49\frac{5}{8}$ pulgadas a los 7 años, ¿cuál fue su altura en su última medición?

_____

LCE
177, 191
244, 247

289

Dirigir un albergue para animales: lista de costos

Mensaje matemático

Imagina que abres un albergue para perros y gatos de la calle. Habla con un compañero o compañera sobre los materiales que piensas que necesitarás. Haz una lista en el espacio en blanco.

¿En qué gastarías $1,000,000?

Tu pueblo organizó una competencia de ensayos llamada "¿En qué gastarías un millón de dólares?". Tú y tus compañeros presentaron un ensayo sobre la apertura de un albergue para perros y gatos de la calle, ¡y ganaron! El pueblo le ha dado a tu clase $1,000,000 para gastar en el albergue para animales.

Ahora deben desarrollar todos juntos un plan para gastar el $1,000,000 para abrir y dirigir el albergue durante un año. Se les dieron las siguientes pautas:

- El albergue debe alojar hasta 20 perros y 120 gatos.

- El costo del alquiler de un edificio para el albergue es de $8,000 mensuales.

- El agua, la calefacción, el aire acondicionado y la electricidad cuestan, en total, aproximadamente $450 por mes.

- La línea telefónica y el servicio de Internet sumados cuestan alrededor de $200 por mes.

- El pueblo quiere que el albergue cree puestos de trabajo de tiempo completo y de medio tiempo. Los veterinarios deben cobrar al menos $4,000 por mes. Otros empleados deben cobrar al menos $1,800 por mes

Usa las hojas de contabilidad de las páginas que siguen para crear tu plan de gastos. Piensa en categorías principales para organizarlos. Deberás investigar un poco para hallar el costo de artículos particulares.

Hoja de contabilidad de categorías principales

Categoría principal	Costo total de la categoría

Total para todas las categorías: _____

Hoja de contabilidad detallada

LCE
128

Categoría: _____			
Artículo	**Cantidad**	**Costo unitario**	**Costo total aproximado**
Ejemplo: Bolsa de comida para perros de 6 lb	10	$19.99	10 * $20 = $200
Total para todas las categorías: _____			

Si el total estuviera *por debajo* del presupuesto, lo que te dejaría más dinero para gastar,

¿cómo ajustarías los gastos en esta categoría? _____

Si el total estuviera *por encima* del presupuesto, lo que te forzaría a recortar los gastos, ¿cómo ajustarías los gastos en esta categoría? _____

Categoría: _____			
Artículo	**Cantidad**	**Costo unitario**	**Costo total aproximado**
Ejemplo: Bolsa de comida para perros de 6 lb	10	$19.99	10 * $20 = $200
Total para todas las categorías: _____			

Si el total estuviera *por debajo* del presupuesto, lo que te dejaría más dinero para gastar, ¿cómo ajustarías los gastos en esta categoría?

_____

Si el total estuviera *por encima* del presupuesto, lo que te forzaría a recortar los gastos, ¿cómo ajustarías los gastos en esta categoría?

_____

Cajas matemáticas

1 Divide.

a. $\frac{1}{3} \div 6 = $ _____

b. $6 \div \frac{1}{3} = $ _____

LCE
207-210

2 El librero de Lindsay mide $5\frac{1}{3}$ pies de largo, $1\frac{1}{4}$ pies de ancho y $6\frac{1}{12}$ pies de alto. ¿Cuánto espacio ocupa el librero en el piso?

_____

(modelo numérico)

LCE
204-206
225

Respuesta: _____

3 Ed usó $1\frac{1}{4}$ bandejas de pintura en un proyecto. Cada bandeja contiene $\frac{3}{5}$ de onzas líquidas de pintura. ¿Cuántas onzas líquidas usó?

_____

(modelo numérico)

Respuesta: _____

LCE
204-206

4 Multiplica.

a. $2.3 * 8.4 = $ _____

b. $0.47 * 56.3 = $ _____

LCE
134-135

5 **Escritura/Razonamiento** ¿En qué se parece multiplicar decimales a multiplicar números enteros? ¿En qué se diferencia?

_____

_____

_____

_____

_____

LCE
134-135

Ganar $1,000,000

Anota el salario por hora asignado a tu grupo: _____

¿Cuánto tardarías en ganar $1,000,000 con este salario? Halla el tiempo total que deberías trabajar. Expresa tu respuesta de dos maneras:

- Como la cantidad total de horas.

- Con las unidades más grandes posibles. (Deberás usar una combinación de años, semanas, días y horas laborales).

Muestra tu trabajo.

Cantidad total de horas: _____

Respuesta en las unidades más grandes posibles: _____

_____

Multiplicar números mixtos

Resuelve los problemas 1 y 2. Muestra tu trabajo.

1 $8\frac{1}{6} * 4\frac{2}{3} = ?$

2 $12\frac{3}{10} * 3\frac{5}{8} = ?$

$8\frac{1}{6} * 4\frac{2}{3} =$ _____

$12\frac{3}{10} * 3\frac{5}{8} =$ _____

Escribe en los problemas 3 y 4 un modelo numérico con una letra para la incógnita. Luego, resuelve. Muestra tu trabajo.

3 Leah está diseñando un cartel para la Noche de las matemáticas. Dibujó un logo de $1\frac{3}{4}$ pulgadas de ancho. Quiere agrandarlo $5\frac{1}{2}$ veces para incluirlo en el cartel.
¿Cuán grande será el logo del cartel?

_____
(modelo numérico)

4 Martin está ayudando a sus padres a comprar una nueva alfombra para su sala de estar. El piso es un rectángulo de $14\frac{2}{5}$ pies por $18\frac{1}{3}$ pies. ¿Cuántos pies cuadrados de alfombra debe comprar la familia de Martin?

_____
(modelo numérico)

Respuesta: _____

Respuesta: _____

5 ¿Qué método usaste para resolver el Problema 1? ¿Por qué elegiste ese método?

_____

_____

Cajas matemáticas

1 Haz una lista con tres atributos de los cuadrados.

_____

_____

_____

¿En qué se diferencia un cuadrado de un rectángulo?

_____

_____

_____

LCE
269

2 Demetra viajará a Grecia y quiere cambiar su dinero. El banco le da 0.73 euros por cada dólar estadounidense. ¿Cuántos euros recibirá Demetra si cambia 125 dólares?

_____
(modelo numérico)

Respuesta: _____

LCE
44,
134-135

3 **a.** Usa las reglas para completar las columnas.

entrada (x) Regla: + 2	salida (y) Regla: + 4
0	0

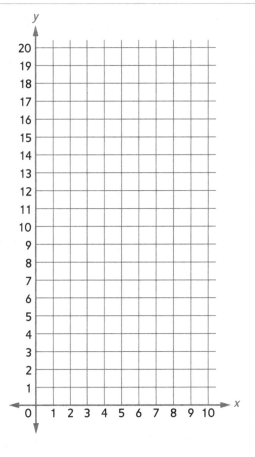

b. ¿Qué regla relaciona cada número de *entrada* con su correspondiente número de *salida*? _____

c. Escribe los números de la tabla en forma de pares ordenados. Luego, representa los pares ordenados y traza una línea para conectar los puntos.

Pares ordenados: _____ _____ _____

_____ _____

d. ¿Cuál es el número de *salida* cuando el número de *entrada* es 7? _____

LCE
51-52
55, 275

Pagar la deuda externa

LCE
331-332
336

1 ¿Cuál es la deuda externa actual? Alrededor de _____

2 Anota el salario por hora asignado a tu grupo: _____

3 Anota la estimación que hiciste en el mensaje matemático de la cantidad de horas que trabaja una persona normal durante su vida: _____

Resuelve el Problema 4 con la información anterior. Puedes usar una calculadora, pero asegúrate de anotar los modelos numéricos para registrar tus cálculos. Verifica tu trabajo para asegurarte de que tus respuestas sean razonables.

4 **a.** ¿Cuántas horas laborales harían falta para pagar la deuda externa con tu salario por hora?

Harían falta alrededor de _____ horas para ganar suficiente dinero y pagar la deuda externa.

b. ¿Cuántas personas harían falta para trabajar esa cantidad de horas?

Harían falta alrededor de _____ personas que ganaran _____ por hora y trabajaran durante _____ horas de su vida para ganar suficiente dinero y pagar la deuda externa.

Cajas matemáticas

 Cajas matemáticas

---

1 **a.** $7 \div \frac{1}{5} =$ _____

b. $\frac{1}{5} \div 7 =$ _____

LCE
207-210

---

2 La altura del tablero de avisos de Alma es $\frac{1}{3}$ de su ancho. Si el tablero de avisos mide $2\frac{1}{4}$ m de ancho, ¿cuál es su altura?

_____
(modelo numérico)

Respuesta: _____

LCE
204-206

---

3 Keith pasó $2\frac{1}{2}$ horas haciendo tareas domésticas. Pasó $\frac{1}{4}$ de ese tiempo barriendo. ¿Cuánto tiempo pasó barriendo?

_____
(modelo numérico)

Respuesta: _____

LCE
204-206

---

4 Multiplica.

a. $40.5 * 11.05 =$ _____

b. $0.95 * 20.2 =$ _____

LCE
134-135

---

5 **Escritura/Razonamiento** ¿Cuál es tu método preferido para multiplicar números mixtos? ¿Por qué te gusta ese método?

_____

_____

_____

_____

LCE
204-206

299

Problema de pasos

Imagina que vives en una época en la que no hay carros, trenes ni aviones. No tienes caballo, ni barco, ni ningún otro medio de transporte.

LCE
215-217
328,332

Piensas viajar a _____. Debes ir caminando.
(lugar indicado por tu maestro)

Información necesaria para resolver el problema.

1 ¿Alrededor de cuánto mide un paso? Alrededor de _____ pies

2 ¿Cuántos pies hay en una milla? _____ pies

3 ¿Alrededor de cuántas millas hay desde tu escuela hasta tu destino?

Alrededor de _____ millas

4 ¿Alrededor de cuántos pasos da un estudiante de quinto grado en 1 minuto?

Alrededor de _____ pasos

---

5 **a.** ¿Alrededor de cuántos pasos deberás dar para ir desde tu escuela hasta tu destino?

Alrededor de _____ pasos

b. Explica cómo hallaste la cantidad de pasos que darías.

_____

_____

_____

_____

_____

6 **a.** Supón que no descansas, no comes, no duermes ni te detienes por ningún motivo. ¿Alrededor de cuántas horas tardarías en ir desde la escuela hasta tu destino?

Alrededor de _____ horas.

b. Explica cómo calculaste alrededor de cuántas horas deberías caminar.

_____

_____

_____

_____

_____

_____

Inténtalo

7 Supón que sales de la escuela el lunes a las 7:00 a. m. No descansas, no comes, no duermes ni te detienes por ningún motivo. ¿Qué día de la semana y, aproximadamente, a qué hora piensas llegar a tu destino?

Día: _____

Hora: Alrededor de _____

Explica cómo hallaste tu respuesta.

_____

_____

_____

_____

_____

Resolver problemas de velas

Miranda tenía diez velas idénticas. Las puso por toda su casa y las dejó prendidas diferente cantidad de tiempo. Ahora, todas las velas tienen una altura distinta.

Miranda midió la altura de cada vela al $\frac{1}{8}$ de pulgada más cercano. Estos son sus datos:

Altura de las velas (pulgadas)				
$6\frac{1}{2}$	$6\frac{1}{4}$	$6\frac{1}{2}$	$6\frac{5}{8}$	$8\frac{1}{2}$
$7\frac{7}{8}$	$8\frac{1}{2}$	$7\frac{3}{8}$	$6\frac{1}{8}$	$6\frac{1}{4}$

1 Representa los datos de la altura de las velas en el siguiente diagrama de puntos.

Altura de las velas

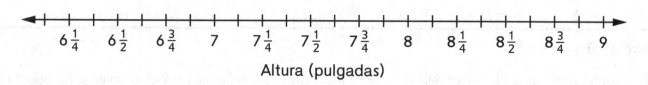

Altura (pulgadas)

2 ¿Cuánto más que la vela más corta mide la vela más alta?

Modelo numérico: _____

Respuesta: _____ pulgadas más

3 Si las tres velas más cortas se pusieran una sobre otra, ¿cuánto medirían de alto?

Modelo numérico: _____

Respuesta: _____ pulgadas de alto

4 Miranda piensa derretir toda la cera de las velas y usarla para hacer 10 velas del mismo ancho que las originales y todas de la misma altura. ¿Cuál será la altura de las 10 velas?

Cada vela medirá _____ pulgadas de alto.

Cajas matemáticas

1 ¿Cuántas pulgadas hay en un pie?

_____ pulgadas

¿Cuántos pies hay en una yarda?

_____ pies

¿Cuántas pulgadas hay en una yarda?

_____ pulgadas

LCE
328

2 Justis está usando $\frac{1}{3}$ de taza de nueces para una receta de pastelitos. Si las nueces se reparten en cantidades iguales entre 8 pastelitos, ¿cuántas tazas de nueces habrá en cada uno?

_____
(modelo numérico)

Respuesta: _____

LCE
207-208
210

3 Dibuja un paralelogramo.

Menciona otros dos nombres de tu figura.

_____

_____

LCE
269

4 Giselle está haciendo collares de la amistad y necesita 0.25 m de cuerda por collar. ¿Cuánta cuerda necesitará para hacer collares para sus 4 mejores amigas?

_____
(modelo numérico)

Respuesta: _____

LCE
44,
134-135

5 **Escritura/Razonamiento** Piensa en una figura que *no* sería una respuesta correcta al Problema 3. Dibújala y explica por qué no es una respuesta correcta.

_____

_____

LCE
269

303

El corazón

Mensaje matemático

El corazón es un órgano de tu cuerpo que bombea sangre por tus vasos sanguíneos. Tu **ritmo cardíaco** es la cantidad de veces que tu corazón late en una cantidad de tiempo. Generalmente se expresa en latidos por minuto. En cada latido, tus arterias se estiran y luego regresan a su tamaño original. Este movimiento de tus arterias se llama **pulso**.

Puedes sentir tu pulso colocando el pulgar contra el lado interno de tu muñeca. También lo puedes sentir en el cuello.

Lleva tus dedos índice y mayor desde la oreja por la curva de la mandíbula y apriétalos suavemente contra el cuello, justo debajo de la mandíbula.

LCE
103, 215-
216, 328

1. Trabaja con un compañero o compañera. Busca tu pulso. Cuenta la cantidad de latidos en 15 segundos mientras tu compañero o compañera registra el tiempo. Hazlo varias veces hasta estar seguro de que tu cuenta es precisa. Luego, intercambien roles. Anota tus resultados a continuación.

   En 15 segundos mi corazón late alrededor de _____ veces.

2. ¿Cómo podrías hallar cuántas veces late tu corazón en 1 minuto con tu respuesta al Problema 1? Trabaja con un compañero o compañera. Muestra todo tu trabajo a continuación.

   En 1 minuto, mi corazón late alrededor de _____ veces.

3. **a.** Completa los espacios en blanco.

   1 hora = _____ minutos

   1 día = _____ horas

   1 año = _____ días

   b. Completa la siguiente tabla con la multiplicación y las conversiones unitarias de la Parte a.

Tiempo	Cantidad de latidos
1 minuto	
1 hora	
1 día	
1 año	

Ejercitar tu corazón

Trabaja con un compañero o una compañera para averiguar la manera en que el ejercicio físico afecta tu ritmo cardíaco.

1 Usa tus respuestas a los problemas 1 y 2 de la página 304 del diario para completar la primera fila de la tabla de la derecha. El ritmo al cual late tu corazón cuando estás sentado en calma se llama *ritmo cardíaco en reposo*.

2 Da 10 saltos de tijera sin parar al aire libre. Apenas termines, tómate el pulso durante 15 segundos mientras tu compañero toma el tiempo. Anota la cantidad de latidos en la segunda columna de la tabla.

Cantidad de saltos de tijera	Latidos en 15 segundos	Latidos en 1 minuto
0		
10		
20		
30		
40		
50		

3 Siéntate. Mientras estás en reposo, tu compañero puede dar 10 saltos de tijera y tú le tomas el tiempo.

4 Cuando tu pulso haya disminuido al ritmo cardíaco en reposo, da 20 saltos de tijera sin parar. Apenas termines, tómate el pulso. Anota en la tercera columna de la tabla la cantidad de latidos en 15 segundos. Luego, descansa mientras tu compañero da 20 saltos de tijera.

5 Repite el procedimiento con 30, 40 y 50 saltos de tijera.

6 Con los datos que anotaste, ahora calcula cuántas veces late tu corazón en 1 minuto después de cada serie de saltos de tijera. Anota tus respuestas en la tercera columna de la tabla.

7 ¿Por qué es importante que todos los estudiantes den los saltos de tijera a la misma velocidad?

_____

_____

_____

8 Mira tu tabla. ¿El ejercicio aumenta o disminuye tu ritmo cardíaco? ¿Cómo lo sabes?

_____

_____

9 ¿Piensas que hay alguna regla que puedas usar para predecir la cantidad de latidos de tu corazón en 15 segundos después de dar 100 saltos de tijera? Explica tu respuesta.

_____

_____

_____

Hallar el área de rectángulos

Resuelve cada problema. Presta mucha atención a las unidades de las longitudes de lado y del área de cada problema. Tal vez debas convertir una o más unidades. Escribe una oración numérica para mostrar cómo resolviste.

1

2 pies

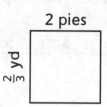

$\frac{2}{3}$ yd

Área: _____ yd²

_____
(oración numérica)

Área: _____ pies²

_____
(oración numérica)

2

$\frac{7}{12}$ pies

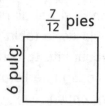

6 pulg.

Área: _____ pies²

_____
(oración numérica)

3 Un parque mide $\frac{1}{3}$ de milla de un lado y 1,320 pies en la otra dirección. ¿Cuál es el área del parque en millas cuadradas?

Área: _____ mi²

_____
(oración numérica)

4 Bruce tiene una estampilla cuadrada de $\frac{7}{8}$ de pulgada en su colección. ¿Cuál es el área de la estampilla?

Área: _____ pulg.²

_____
(oración numérica)

5 La superficie inferior de una caja mide $\frac{7}{10}$ m por $\frac{3}{10}$ m. ¿Cuál es el área en:

a. metros cuadrados? _____

b. centímetros cuadrados? _____

c. Explica cómo hallaste el área de la base de la caja en centímetros cuadrados.

_____

_____

_____

1 Resuelve. Usa el método del común denominador.

a. $\frac{1}{5} \div 6 =$ _____

b. $6 \div \frac{1}{5} =$ _____

LCE
210

2 Divide.

$97.2 \div 8.1 = ?$

LCE
140-141

$97.2 \div 8.1 =$ _____

3 a. Multiplica 80.73 por 10^2.

_____

b. Multiplica tu producto de la Parte a por 10^3. _____

c. ¿Cuántos lugares en total se movió el punto decimal de 80.73 en tu producto final? _____

LCE
133

4 Una alfombra tiene un área de $\frac{6}{15}$ m². ¿Cuáles podrían ser las dimensiones de la alfombra? Encierra en un círculo TODAS las que correspondan.

A. $\frac{3}{5}$ m por $\frac{2}{3}$ m

B. $\frac{2}{15}$ m por $\frac{3}{15}$ m

C. $\frac{5}{10}$ m por $\frac{1}{5}$ m

D. $1\frac{1}{5}$ m por $\frac{1}{3}$ m

LCE
203-206

5 **Escritura/Razonamiento** Escribe una historia de números que coincida con el Problema 1a.

_____

_____

_____

LCE
207-208

Mi perfil cardíaco

Mensaje matemático

1 Escribe los datos de la tabla de la página 305 del diario en forma de pares ordenados. Usa las cantidades de saltos de tijera como coordenadas *x* y las cantidades de latidos en 15 segundos como coordenadas *y*. Luego, representa los puntos en la cuadrícula. Conecta los puntos, en orden, con un reglón.

Pares ordenados:

_____

_____

_____

_____

_____

_____

LCE
45, 55-
56, 275

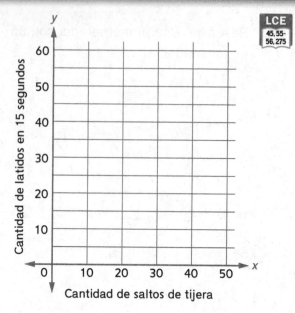

2 Utiliza la gráfica para predecir cuántas veces latiría tu corazón en 15 segundos tras dar 25 saltos de tijera. _____

---

3 Al hacer ejercicio, debes tener cuidado de no forzar demasiado tu corazón. Los expertos recomiendan un *ritmo cardíaco objetivo* para los ejercicios, que varía según la edad y la salud de la persona. Pero a veces se usa la siguiente regla para hallar un ritmo cardíaco objetivo, en latidos por minuto:

Resta tu edad a 220. Multiplica el resultado por 2. Luego, divide por 3.

a. Escribe un modelo numérico con una letra para mostrar cómo podrías hallar tu ritmo cardíaco objetivo con esta regla.

_____

(modelo numérico)

b. ¿Cuál es tu ritmo cardíaco objetivo? _____ latidos por minuto

c. ¿A cuántos latidos en 15 segundos equivale? A _____ latidos en 15 segundos

d. ¿Alcanzaste tu ritmo cardíaco objetivo al dar saltos de tijera? Explica cómo lo sabes.

_____

_____

Gasto cardíaco

La cantidad de sangre que bombea tu corazón en 1 minuto se llama **gasto cardíaco**.
Para hallar tu gasto cardíaco, puedes multiplicar tu ritmo cardíaco por la cantidad de sangre
que bombea tu corazón con cada latido.

Gasto cardíaco = ritmo cardíaco * cantidad de sangre bombeada con cada latido

Como el gasto cardíaco depende del ritmo cardíaco de una persona, no es siempre igual. Cuanto más
late el corazón en 1 minuto, más sangre se bombea a todo el cuerpo.

Sigue estas instrucciones para hallar tu gasto cardíaco, antes y después de hacer ejercicio.

1. Mira los datos de la página 305 del diario. En la tercera columna de la siguiente tabla, escribe
la cantidad de veces que late tu corazón en 15 segundos tras 0 saltos de tijera y tras 50 saltos
de tijera.

2. Usa tus respuestas al Problema 1 para calcular cuántas veces latiría tu corazón en 1 minuto
tras dar 50 saltos de tijera. Este es tu ritmo cardíaco antes y después de hacer ejercicio.
Escribe tus respuestas en la cuarta columna.

3. El corazón de un típico estudiante de quinto grado bombea alrededor de 1.6 onzas líquidas de
sangre con cada latido. Usa esta información para hallar tu gasto cardíaco antes y después
de hacer ejercicio. Anota tu gasto cardíaco en la última columna.

¿Antes o después de hacer ejercicio?	Cantidad de saltos de tijera	Latidos en 15 segundos	Latidos en 1 minuto (ritmo cardíaco)	Gasto cardíaco (onzas líquidas por minuto)
Antes	0			
Después	50			

4. **a.** Completa el espacio en blanco: 1 día = _____ minutos

   b. Si no hicieras ejercicio, ¿alrededor de cuántas onzas líquidas de sangre bombearía tu corazón
   en 1 día?

   _____   Alrededor de _____ onzas líquidas
   (modelo numérico)

   c. Completa el espacio en blanco: 1 galón = _____ onzas líquidas

   d. Si no hicieras ejercicio, ¿alrededor de cuántos galones de sangre bombearía tu corazón
   en 1 día?

   _____   Alrededor de _____ galones
   (modelo numérico)

309

Cajas matemáticas

Cajas matemáticas

---

1 Dibuja un cuadrilátero con exactamente un par de lados paralelos.

¿Cuál es el nombre más específico de la

figura que dibujaste? _____

LCE
269

---

2 Claire compró 1.35 lb de cebollas amarillas a $0.80 la libra. ¿Cuánto gastó en cebollas amarillas?

_____
(modelo numérico)

Respuesta: _____

LCE
44,
134-135

---

3 **a.** Utiliza las reglas para completar las columnas.

entrada (x) Regla: + 3	salida (y) Regla: + 3
3	1

b. ¿Qué regla relaciona cada número de *entrada* con su correspondiente número de *salida*? _____

c. Escribe los números de la tabla en forma de pares ordenados. Luego, representa los pares ordenados y traza una línea para conectar los puntos.

Pares ordenados: _____ _____

_____ _____ _____

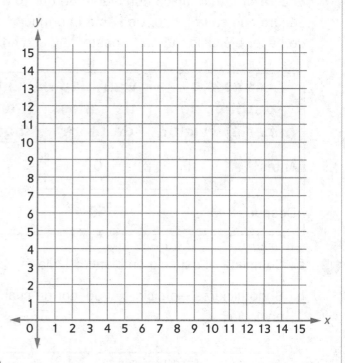

d. ¿Cuál es el número de *entrada* cuando el número de *salida* es 16? _____

LCE
51-52
55, 275

Péndulos

Se llama **péndulo** a una **pesa** suspendida de un soporte fijo que se balancea libremente de un lado a otro. Tal vez hayas visto un péndulo en un reloj.

Según la leyenda, el científico italiano Galileo empezó a investigar los péndulos en 1583 tras ver una lámpara colgante que se balanceaba de un lado a otro en una catedral de Pisa. Galileo descubrió que cada balanceo del péndulo tarda la misma cantidad de tiempo, y empezó a usarlos como dispositivos para medir el tiempo. Sus hallazgos llevaron luego al matemático holandés Christiaan Huygens a inventar el primer reloj de péndulo.

Imagina que tienes dos péndulos, uno más largo que el otro. ¿Piensas que tardarían el mismo tiempo en balancearse de un lado a otro, o que uno tendría un balanceo más largo que el otro? Explica tu respuesta.

_____

_____

_____

_____

_____

péndulo

Reloj de péndulo

Investigar los péndulos

Tu maestro hará un experimento con un péndulo de 50 centímetros de largo.

LCE
126, 136

1 Anota el tiempo en que el péndulo tardó en completar 10 balanceos en la fila de 50 cm de la tabla que está al pie de la página.

2 Divide el tiempo del Problema 1 por 10 para hallar alrededor de cuánto tiempo tardó el péndulo en completar 1 balanceo. Redondea tu respuesta a la décima de segundo más cercana. Anota el resultado en la tabla.

3 Describe una manera rápida de dividir por 10 para completar la última columna de la tabla. *Pista*: Piensa en el valor posicional.

_____

_____

_____

_____

4 ¿Por qué sería más preciso cronometrar 10 balanceos y dividirlo por 10 que cronometrar 1 solo balanceo?

_____

_____

Longitud del péndulo	Tiempo en que completa 10 balanceos	Tiempo en que completa 1 balanceo
5 cm	_____ s	_____ s
10 cm	_____ s	_____ s
20 cm	_____ s	_____ s
30 cm	_____ s	_____ s
50 cm	_____ s	_____ s
75 cm	_____ s	_____ s
100 cm	_____ s	_____ s
200 cm	_____ s	_____ s

5 Escribe los datos de la tabla de la página 312 en forma de pares ordenados.
Usa la longitud del péndulo (en centímetros) como coordenada *x*.
Usa como coordenada *y* el tiempo en que se completa *1 balanceo* (en segundos).

Por ejemplo, si tu péndulo de 5 cm tardó 0.5 segundos en completar 1 balanceo,
tu primer par ordenado sería (5, 0.5).

Anota a continuación los pares ordenados.

_____   _____   _____   _____

_____   _____   _____   _____

6 Marca los puntos del Problema 5 en la siguiente gráfica. Traza segmentos de recta para
conectar los puntos en orden.

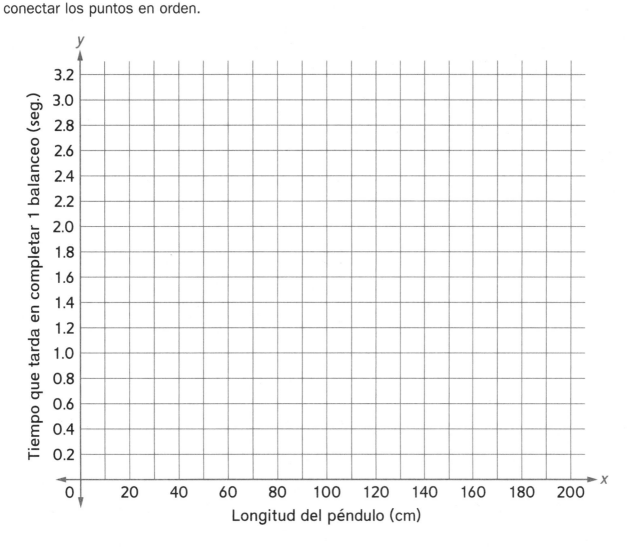

Cajas matemáticas

1 Resuelve. Usa el método del común denominador.

a. $\frac{1}{4} \div 12 =$ _____

b. $12 \div \frac{1}{4} =$ _____

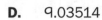

LCE 210

---

2 Divide.

$17.36 \div 2.8 = ?$

$17.36 \div 2.8 =$ _____

LCE 140-141

---

3 Divide 9,035.14 por 10^3 y luego divide el resultado por 10^2. ¿Qué expresión equivale al resultado final?

Encierra en un círculo TODAS las que corresponden.

A. $9,035.14 \div 10^5$

B. $9,035.14 \div 10^6$

C. 0.0903514

D. 9.03514

LCE 136

---

4 Escribe dos factores que den $\frac{12}{30}$ como producto.

_____ * _____ $= \frac{12}{30}$

LCE 203

---

5 **Escritura/Razonamiento** Rotula y sombrea el siguiente modelo de área para representar la oración numérica que escribiste en el Problema 4.

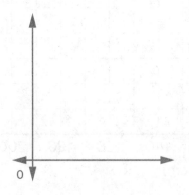

LCE 202

Usar una categoría

Utiliza el cartel de categorías de cuadriláteros de la página 251 del diario
para responder las preguntas.

1 Completa los espacios en blanco con una subcategoría que haga que el enunciado sea verdadero. Usa la misma subcategoría en los dos espacios.

Todos los _____ son cometas, pero no todas las cometas son _____.

2 **a.** Dibuja un trapecio que también sea un paralelogramo.

b. Dibuja un trapecio que *no* sea un paralelogramo.

c. Explica cómo decidiste lo que ibas a dibujar en la Parte b.

_____

_____

_____

3 **a.** Clasifica la figura de la derecha en una categoría. Haz una lista con todas las categorías que consideraste mientras clasificabas.

_____

_____

b. Explica cómo supiste cuándo dejar de clasificar el cuadrilátero. ¿Cómo sabías que la figura no se podía seguir clasificando en más subcategorías?

_____

_____

_____

4 **a.** Dibuja un cuadrilátero con menos de 3 nombres.

b. Dibuja un cuadrilátero con exactamente 3 nombres.

c. Dibuja un cuadrilátero con más de 3 nombres.

Investigar el tamaño del arco

Mensaje matemático

En la Lección 8-11, descubriste que los péndulos más largos necesitan mayor tiempo de balanceo. Utiliza en los problemas 1 a 3 la gráfica de la página 313 del diario para hacer predicciones sobre los tiempos de balanceo de péndulos con diferente longitud.

1 A la décima de segundo más cercana, ¿cuánto piensas que tardaría un péndulo de 150 cm

en completar 1 balanceo? Alrededor de _____ segundos

2 A los 5 centímetros más cercanos, ¿qué longitud piensas que tendría un péndulo que tarda

2 segundos en completar 1 balanceo? Alrededor de _____ centímetros de largo

3 ¿Puedes usar esta gráfica para predecir cuánto tardaría un péndulo de 300 cm en completar 1 balanceo? Explica por qué.

_____

_____

_____

4 ¿Piensas que el tamaño de arco afectará el tiempo que tarda un péndulo en completar 1 balanceo? Explica por qué sí o por qué no.

_____

_____

_____

5 Haz un péndulo de 50 cm con tu grupo. Cronometra cuánto tarda en completar 10 balanceos cada uno de los tamaños de arco de la tabla. Anota los resultados en la tabla de la página 317 del diario.

Recuerda: 30° está aproximadamente a un tercio del camino de la horizontal, 45° está a la mitad de camino, 60° está a dos tercios del camino y 90° significa que la cuerda está horizontal (paralela al piso).

6 Divide por 10 cada tiempo de 10 balanceos para hallar el tiempo de 1 balanceo de cada tamaño de arco. Redondea los tiempos a la décima de segundo más cercana. Anota tus resultados en la tabla de la página 317 del diario.

7 Examina tu tabla ya completada. ¿Afecta al tiempo de balanceo el tamaño del arco? Explica cómo lo sabes.

_____

_____

8 Escribe los datos de tu tabla en forma de pares ordenados. Usa el tamaño del arco (en grados) como coordenada x. Usa el tiempo que tarda en completar 1 balanceo (en segundos) como coordenada y.

Tamaño del arco	Tiempo que tarda en completar 10 balanceos	Tiempo que tarda en completar 1 balanceo
alrededor de 30°	_____ s	_____ s
alrededor de 45°	_____ s	_____ s
alrededor de 60°	_____ s	_____ s
alrededor de 90°	_____ s	_____ s

Anota tus pares ordenados a continuación.

_____

_____

_____

_____

9 Representa los puntos del Problema 8 en la siguiente gráfica. Traza segmentos de recta para conectar los puntos en orden.

LCE
55-56
136, 275

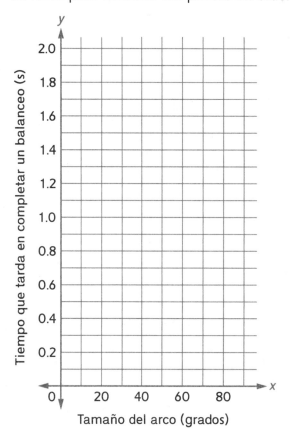

Tamaño del arco (grados)

10 ¿Cuánto piensas que tardaría un péndulo de 50 cm en completar 1 balanceo si tuviera 50 grados de arco? Alrededor de _____ segundos

11 ¿Qué muestra tu gráfica sobre el efecto del tamaño del arco en el tiempo de balanceo?

_____

_____

_____

12 Compara la gráfica anterior con la de la página 313 del diario. ¿En qué se diferencian?

_____

_____

_____

317

1 **a.** ¿Qué propiedad comparten los cuadrados y los rombos?

_____

b. ¿Qué propiedad comparten los cuadrados y los paralelogramos?

_____

LCE
269

2 Un kilogramo pesa alrededor de 2.2 libras. ¿Cuál es el peso en libras de alguien que pesa 49.6 kilogramos?

_____
(modelo numérico)

Respuesta: Alrededor de

_____

LCE
44, 134-
135, 216

3 **a.** Un supermercado vende 4 recipientes de yogur a $2. Utiliza la regla para completar cada columna de la tabla.

Recipientes vendidos (*x*) Regla: + 4	Costo ($) (*y*) Regla: + 2
0	0

Recipientes de yogur

b. ¿Qué regla relaciona cada valor de *x* con su correspondiente valor de *y*?

_____

c. Escribe los números de la tabla en forma de pares ordenados. Luego, representa los pares ordenados y traza una línea para conectarlos.

Pares ordenados: _____ _____ _____ _____ _____

d. ¿Cuál es el costo de 1 recipiente de yogur? $_____

LCE
51-52
55, 275

1   1 pie = _____ pulgadas

1 milla = 5,280 pies

¿Cuántas pulgadas hay en 1 milla?

Respuesta:

_____ pulgadas

LCE
328

2   Rolando llenó $\frac{1}{2}$ camión con libros para donar a la biblioteca. Si 6 personas se dividen en partes iguales el trabajo de descargar el camión, ¿qué fracción de la carga deberá bajar cada uno?

_____
(modelo numérico)

Respuesta: _____

LCE
207-208
210

3   Dibuja una figura de 4 lados sin ningún par de lados paralelos.

Da un nombre a la figura que dibujaste.

_____

LCE
269

4   Un kilómetro mide alrededor de 0.62 millas. Se corren 26.2 millas en un maratón. ¿Alrededor de cuántos kilómetros corren en ese maratón?

_____
(modelo numérico)

Respuesta: Alrededor de

_____ kilómetros

LCE
44
140-141

5   **Escritura/Razonamiento** Explica cómo resolviste el Problema 2.

_____

_____

_____

LCE
207-208
210

Tarjetas de fracciones de *Fracción de* (conjunto 2)

$\dfrac{2}{3}$	$\dfrac{2}{4}$	$\dfrac{3}{4}$	$\dfrac{2}{5}$
$\dfrac{3}{5}$	$\dfrac{4}{5}$	$\dfrac{2}{10}$	$\dfrac{3}{10}$
$\dfrac{4}{10}$	$\dfrac{5}{10}$	$\dfrac{6}{10}$	$\dfrac{7}{10}$
$\dfrac{8}{10}$	$\dfrac{9}{10}$	$\dfrac{0}{10}$	$\dfrac{4}{4}$

0.22 _____
segundos

0.21 _____

0.20 _____

0.19 _____

0.18 _____

0.17 _____

0.16 _____

0.15 _____

0.14 _____

0.13 _____

0.12 _____

0.11 _____

0.10 _____

0.09 _____

0.08 _____

0.07 _____

0.00 **posición inicial**
del participante

Tarjetas de *Revoltura de cucharas*

$\frac{1}{4}$ de 24	$\frac{3}{4}$ * 8	$6{,}000 \div 10^3$	$0.06 * 10^2$
$\frac{1}{3}$ de 21	$3\frac{1}{2}$ * 2	$0.01 * 700$	$0.007 * 10^3$
$\frac{1}{5}$ de 40	$2 * \frac{16}{4}$	$80{,}000 \div 10^4$	$0.8 * 10^1$
$\frac{3}{4}$ de 12	$4\frac{1}{2}$ * 2	$9 \div 10^0$	$0.0009 * 10^4$

Tarjetas de *Caos de propiedades*

Tarjeta de propiedades al menos 1 par de lados paralelos	**Tarjeta de propiedades** 2 pares de lados paralelos	**Tarjeta de propiedades** 2 pares de lados adyacentes del mismo largo	**Tarjeta de propiedades** 4 lados del mismo largo
Tarjeta de propiedades 4 ángulos rectos	**Tarjeta de propiedades** 2 pares de lados paralelos y 4 ángulos rectos	**Tarjeta de propiedades** al menos 1 par de lados paralelos y 4 lados del mismo largo	**Tarjeta de propiedades** COMODÍN
Tarjeta de cuadrilátero trapecio	**Tarjeta de cuadrilátero** paralelogramo	**Tarjeta de cuadrilátero** rombo	**Tarjeta de cuadrilátero** rectángulo
Tarjeta de cuadrilátero cometa	**Tarjeta de cuadrilátero** cuadrilátero	**Tarjeta de cuadrilátero** cuadrado	**Tarjeta de cuadrilátero** COMODÍN

Círculos de fracciones en blanco

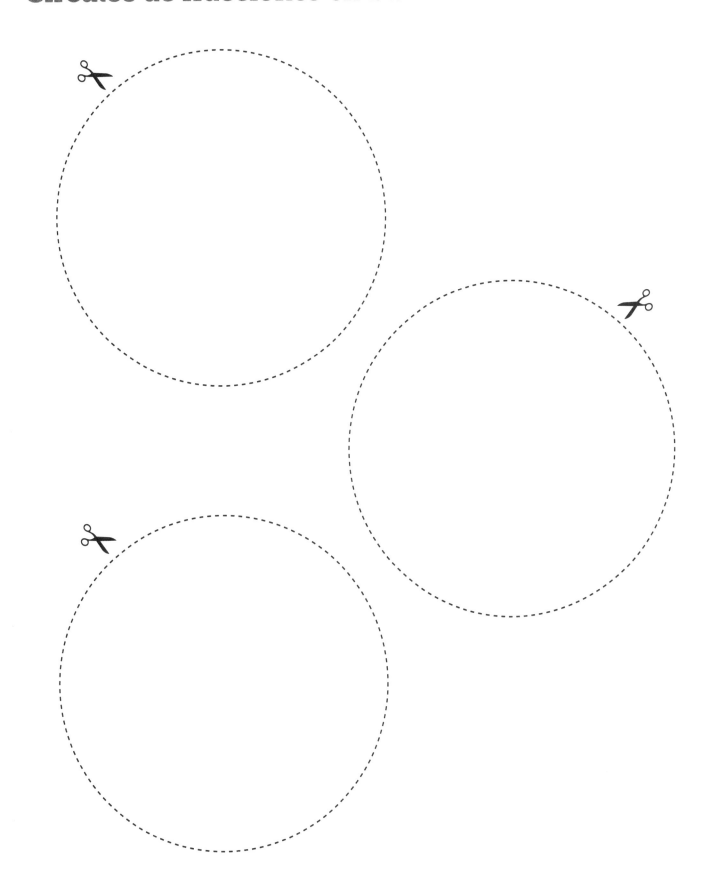

Tarjetas en blanco

Tarjetas en blanco

Tarjetas en blanco